上海智库报告文库
SHANGHAI ZHIKU BAOGAO WENKU

城市更新

人民城市理念引领下的实践创新

王林 著

上海人民出版社

编审委员会

序

  智力资源是一个国家、一个民族最宝贵的资源。建设中国特色新型智库，是以习近平同志为核心的党中央立足新时代党和国家事业发展全局，着眼为改革发展聚智聚力，作出的一项重大战略决策。党的十八大以来，习近平总书记多次就中国特色新型智库建设发表重要讲话、作出重要指示，强调要从推动科学决策、民主决策，推进国家治理体系和治理能力现代化、增强国家软实力的战略高度，把中国特色新型智库建设作为一项重大而紧迫的任务切实抓好。

  上海是哲学社会科学研究的学术重镇，也是国内决策咨询研究力量最强的地区之一，智库建设一直走在全国前列。多年来，上海各类智库主动对接中央和市委决策需求，主动服务国家战略和上海发展，积极开展研究，理论创新、资政建言、舆论引导、社会服务、公共外交等方面功能稳步提升。当前，上海正在深入学习贯彻习近平总书记考察上海重要讲话精神，努力在推进中国式现代化中充分发挥龙头带动和示范引领作用。在这一过程中，新型智库发挥着不可替代的重要作用。市委、市政府对此高度重视，将新型智库建设作为学习贯彻习近平文化思想、加快建设习近平文化思想最佳实践地的骨干性工程重点推进。全市新型智库勇挑重担、知责尽责，紧紧围绕党中央赋予上海的重大使命、交办给上海的重大任务，紧紧围绕全市发展大局，不断强化问题导向和实践导向，持续推出有分量、有价值、有思想的智库研究成果，涌现出一批具有中国特色、时代特征、上海特点的新型智库建设品牌。

"上海智库报告文库"作为上海推进哲学社会科学创新体系建设的"五大文库"之一，是市社科规划办集全市社科理论力量，全力打造的新型智库旗舰品牌。文库采取"管理部门＋智库机构＋出版社"跨界合作的创新模式，围绕全球治理、国家战略、上海发展中的重大理论和现实问题，面向全市遴选具有较强理论说服力、实践指导力和决策参考价值的智库研究成果集中出版，推出一批代表上海新型智库研究水平的精品力作。通过文库的出版，以期鼓励引导广大专家学者不断提升研究的视野广度、理论深度、现实效度，营造积极向上的学术生态，更好发挥新型智库在推动党的创新理论落地生根、服务党和政府重大战略决策、巩固壮大主流思想舆论、构建更有效力的国际传播体系等方面的引领作用。

党的二十届三中全会吹响了以进一步全面深化改革推进中国式现代化的时代号角，也为中国特色新型智库建设打开了广阔的发展空间。希望上海新型智库高举党的文化旗帜，始终胸怀"国之大者""城之要者"，综合运用专业学科优势，深入开展调查研究，科学回答中国之问、世界之问、人民之问、时代之问，以更为丰沛的理论滋养、更为深邃的专业洞察、更为澎湃的精神动力，为上海加快建成具有世界影响力的社会主义现代化国际大都市，贡献更多智慧和力量。

中共上海市委常委、宣传部部长　赵嘉鸣

2025 年 4 月

目　录

前　言

　　"人民城市人民建，人民城市为人民"是习近平总书记在上海考察时提出的重要理念。他强调，要像绣花一样精细管理城市，满足市民对城市公共空间和生活品质的更高需求。高质量发展是全面建设社会主义现代化国家的首要任务。党的二十大报告明确提出："加快转变超大特大城市发展方式，实施城市更新行动，打造宜居、韧性、智慧城市。"2024年，党的二十届三中全会面对人民群众新期待，紧紧围绕推进中国式现代化进一步全面深化改革，再次强调人民城市理念，深化城市建设、运营、治理体制改革，推动形成超大特大城市智慧高效治理新体系。建立可持续的城市更新模式和政策法规，深化城市安全韧性提升行动。城市更新理论与实践经历了从"城市重建"到"城市振兴"再到"城市更新"等阶段的演进，关注重点从"城"到"人"，实施路径由"政府统管"到"协同共治"。当前，伴随着城市发展逐渐从增量开发到存量运营，我国城市进入"存量更新"与"高质量发展"新阶段，城市更新成为新常态，相关理论和方法亟须系统梳理和创新思考。

　　随着城市更新相关配套政策从中央到地方的不断落地和实施，各地积极探索以人民为中心的城市更新统筹谋划机制、可持续模式和配套支持政策等，并通过推进城市更新地方试点工作，形成了一批地方城市更新可复制的经验做法。但是，大部分城市仍处于结合国内外更新经验和自身城市特点开展初步研究和探索的阶段。新发展阶段下的城市更新工作在更新理念、目标、类型、机制等方面都与之前发生了巨大变化，尤其在更新类型上形成了要素更加多元、层次更加丰富的新局面。城市更新对象多样并涉及存量空间上复杂性的利益关系，需要全面有序、分层、分类、分区域、系统化推进城市更新，促进更新治理尺度、动力机制与管控要素的多维适配，避免因更新内容重点不清、更新方法不精细而产生"一刀切""同质化"现象，避免不符合人民意愿、违背科学、不可持续的城市更新，亟须构建全国层面的指导性框架、地方层面有操作性的更新类型体系和更新实施支撑体系，针对不同地方城市的特点，破解地方城市更新中遇到的问题与挑战，明确不同更新类型的工作重点和精细化实施策略，理顺政府、企业及个人多元主体的相互关系，提升更新规划实施方案的可行性，完善精准有效的配套政策体系，创新因地制宜的可持续更新模式。

目前，上海市正积极探索构建"人民城市的可持续城市更新模式"，提出"要把城市更新作为落实城市总规的过程，作为推动高质量发展的重要途径，作为现代化建设的重要载体，作为拓展城市空间、强化城市功能、提升城市品质、增进民生福祉的重要抓手，深入探索新形势下城市更新的新路子"。上海，作为高度城镇化的超大型城市，城市建设发展模式已经进入到从外延扩张转向内涵提升、从大规模的增量建设转向存量更新为主的新阶段。上海市"十四五"规划提出加强政策有效供给推动城市有机更新，完善城市更新法规政策体系，积极开展政府与企业的多方式合作，探索城市有机更新中的实施路径、推进方式和资源利用机制，形成可复制的城市更新行动模式；

2021 年 8 月 25 日，上海市人大发布了《上海市城市更新条例》，对
上海市城市更新工作提出更高要求，并带来重要机遇。因而，研究上
海市城市更新的类型及更新治理策略，以城市治理现代化推动中国式
现代化具有重要意义。

　　本书通过现状调研、文献研究、体系分类研究和案例分析的方
法，对上海城市更新进行了全面的类型和策略研究，构建了内涵丰富
的上海城市更新类型体系，形成六大重点更新领域，细分为二十九
个中类、九十二个小类的城市更新类型。基于上海已完成的更新案
例，进一步对不同更新类型从更新的方法、政策、机制等方面提出更
新治理策略和建议。主要从背景研究、体系分类、更新实践三大部分
展开。

　　第一，背景研究方面，先对城市更新的研究背景从国家层面向市
级层面进行梳理，分别研究国家层面城市更新政策文件，后又对国内
外城市更新历程、更新机制及更新理论等方面做了文献综述，进而剖
析上海市城市更新的内涵，理顺城市更新类型、工作内容、基本流程
和更新治理策略；在国家层面梳理了《国民经济和社会发展第十四个
五年规划和 2035 年远景目标纲要》等政府工作中对于城市发展的要
求和路径。在城市层面结合了《上海市国民经济和社会发展第十四个
五年规划和 2035 年远景目标纲要》《上海市城市更新条例》中对城市
更新的要求。

　　第二，体系分类方面，通过梳理国内外与上海城市更新活动相关
政策文件及文献、解读市级层面的相关政策文件，分析上海城市更新
的发展现状。上海从"十四五"规划到 2035 远景规划，从《上海市
城市更新条例》的颁布到《上海市城市更新行动方案》的出台，明确

提出上海城市更新行动目标：综合区域整体更新、人居环境品质提升、公共空间设施优化、历史风貌魅力重塑、产业园区转型创新、商业商办改造升级。依据《上海市城市更新条例》，结合《上海市城市更新行动方案》，确定上海城市更新的六大重点领域：历史风貌保护更新、住区更新、公共空间更新、产业园区转型更新、商业商办更新、综合区域更新。进一步梳理出六大重点领域中每一领域更为细致的分类及类型特征，分析目前上海城市更新工作过程中的问题与挑战，细化为二十九个中类、九十二个小类的城市更新类型，构建了内涵丰富的上海城市更新类型体系。

　　第三，更新实践方面，以体现人民城市更新建设理念为原则，选取上海不同类型、不同规模的若干城市更新最佳实践案例，进行深入分析，研究案例的更新策略并进行经验总结；提取不同城市更新类型的案例的保护与更新方法，吸取优秀经验。在评估和系统调查的基础上，理顺不同更新类型的更新策略，形成上海市城市更新工作的策略方案。在历史风貌保护更新研究中，从保护更新方法方面、保护更新政策方面、技术法规方面和实施机制方面分别提出更新治理策略；在住区更新研究中，从建筑到住区环境、从附属设施到城市界面、从规划管理到实施机制等多方面提出了更新治理策略；在公共空间更新研究中，在更新规划层面和实施对策层面提出更新治理策略；在产业园区转型更新、商业商办更新和综合区域更新研究中，从更新方法层面、更新保障方面和实施机制方面提出了更新治理策略。

　　整体上，本书对新发展时代上海城市更新治理策略研究从更新方法、更新政策、更新机制等方面提出不同更新类型的更新治理策略和建议，为进一步引导上海城市更新工作向规范化、系统化、可持续化方向发展提供决策参考和技术支撑。

　　上海作为一座现代化、国际化的超大城市，城市更新既有呵护文化的历史使命，又有应对发展的现实需要，更有面向未来的创新意义。怎样才能做好上海的城市更新？为了回答好这个问题，我和我的团队——城市更新保护创新国际研究中心一直放眼国际、根植上海、勇于探索、勤于实践，聚焦历史风貌区、老旧居住区、产业转型区以及城市公共空间等，针对不同类型区域最难解决的矛盾和问题，积极提出更新对策、措施和建议。

　　非常荣幸的是，我们有关上海城市更新条例的建议被《上海市城市更新条例》8 项条款所吸纳，我们的《上海城市更新若干重大问题研究》获得第十三届上海市决策咨询一等奖。值此之际，分享三点思考：

一、有温度的人民城市，是城市研究和城市治理的共同追求

　　如果上海的城市更新有个最高的价值目标，我想应该是有温度的人民城市。理论界倡导"人本城市"，在更新实践中，我们深感政府推动"人民城市"重要理念的决心，这恰是上海这座城市最重要的精神品格和"气质特点"。

　　以苏州河虹口段和华政段的改造为例，在政府推动苏州河贯通的过程中，老百姓希望不仅能"走起来"，还能"坐下来""美起来"，但当时虹口段车行道过宽、人行道过窄，如果不对空间进行大胆的更新设计，滨江漫步体验势必大打折扣，而华政段则存在"开放围墙"与保护历史建筑风貌的纠结。对此，我们针对虹口段提出"把 900 米苏河虹口段变成全步行段"的建议，并给出"抬高平台让市民坐享美

景"的设计方案，针对华政段提出"打开围墙"的建议，并给出"保护历史建筑、开放公共空间"的设计方案，政府部门采纳了我们的建议，在克服诸多困难后，终于实现了老百姓"坐享河滨美景"和"漫步百年校园"的愿望。

二、有高度的智库平台，是高校学者参与决策咨询的重要桥梁

高校学者参与决策咨询工作，离不开学校的强大支持。基于上海交通大学强大的理工高校背景和文理交叉特点，校领导高度重视、亲自指导智库建设与决策咨询工作，积极服务市委、市政府决策需求，以重大现实问题为导向，围绕城市更新、空间规划、城市治理、民生保障、长三角一体化等领域，产出一系列决策咨询成果，有力推动了政策制定。

作为由建筑、规划、设计、景观等学科组成的上海交大设计学院的一员，在市政府和交大共同搭建的中国城市治理研究院这一智库平台上，积极参与每年举办的全球城市论坛，不断拓宽全球视野、吸收国际前沿知识，以上海实践讲好中国故事。作为城市更新保护创新国际研究中心主任，我率领团队积极承担国家社科基金委、上海市人大、市科委、市教委、市住建委、市哲社办、市规划局、市发展研究中心等上海市政府、各部门及区县政府的多项研究课题，并在决策咨询、成果采纳、论文发表、项目获奖等方面取得多项成果，包括"新时代工业遗产保护再利用理论与方法研究""城市更新立法调研""新发展时代城市更新的内涵和策略研究""上海市历史风貌区保护更新精细化治理范式研究"等十多项国家及部市级城市更新相关课题。

以"武康大楼"为例，更新前老百姓为拍照经常占用快车道，非

常危险。当时有两种改造思路，一是"立围栏、保市民安全"，二是我们提的"将人行道拓宽 3.6 米"，让市民拥有最佳拍照点。为了更积极地回应和满足人民需求，政府部门采纳了我们的建议，更新后的效果非常好，现在武康大楼已经是沪上 1 号民心工程，成为老百姓特别喜爱的网红打卡地，也是上海一张亮眼的城市名片。

三、有厚度的理论和实践，是城市更新面向未来的使命担当

党的二十大描绘了新时代画卷，其中国家交给上海的任务，是要加快建设成为具有世界影响力的社会主义现代化国际大都市。城市更新已然成为上海未来发展的核心途径与重要内容。作为城市更新领域的研究者，我深感上海的城市更新仍然面临不少困难与瓶颈，如何践行人民城市理念，以城市高质量发展、高品质生活、高效能治理为追求，紧紧围绕城市有机更新、文化风貌保护、公共空间提升等重点研究方向，更好地传承城市文脉、厚植城市精神、彰显城市品格，需要我们深思、深挖、深耕。

例如，上海衡复历史文化风貌区作为塑造世界人居环境新典范，外滩源重现风貌重塑功能作为历史风貌保护更新的成功试点；杨浦 228 街坊作为工人新村 15 分钟生活圈的人民城市最佳实践地；"一江一河"作为多类型公共空间品质再提升的新滨水，浦东陆家嘴地区松林路以口袋游乐园开放公园塑造现代化国际大都市街道生活的新场景；徐家汇商圈、静安寺商圈以徐家汇空中连廊、安义夜巷活力打造的新空间；静安新业坊、普陀 M50 与英雄金笔厂的工业遗产华丽转身；以黄浦新天地城市中心区综合区域更新与宝山吴淞创新城工业区转型更新为代表的历史与现代再交汇的示范引领……分别成为历史风

貌保护更新、老旧住区改造更新、公共空间提升更新、产业园区转型更新、商业商办优化更新以及综合区域整体更新的示范引领，塑造上海特色，打造"上海样板"，形成"上海示范"，进而为形成具有上海超大城市特色的、中国式现代化治理的、可持续城市更新的系统建构、方法诠释、政策梳理、机制创新，提供有厚度的理论支撑与实践总结。

本书立足建设具有世界影响力的社会主义现代化国际大都市，践行"人民城市"重要理念，弘扬城市精神品格，推动城市更新，提升城市能级，创造高品质生活，传承历史文脉，提高城市竞争力、增强城市软实力，以期最终实现综合区域整体更新、人居环境品质提升、公共空间设施优化、历史风貌魅力重塑、产业园区转型创新、商业商办改造升级，通过可持续城市更新，助力上海建成现代化国际大都市，实现高质量发展、高品质生活的人民城市建设目标。

第一章
城市更新背景及重点领域研究

  城市更新是城市发展由"增量"进入"存量"阶段的必然产物，对于加快转变城市发展方式、统筹城市规划建设管理、推动城市空间结构优化和品质提升而言，新发展时代城市更新的类型及策略的研究具有必要性和重大现实意义[1]。

  《国民经济和社会发展第十四个五年规划和二〇三五年远景目标纲要》明确提出转变城市发展方式，加快推进城市更新。这是党中央站在新时代全面建设社会主义现代化国家新征程的战略高度，根据城市发展新阶段、新形势和新要求，作出的重大战略决策部署，也是推动城市高质量发展的重要抓手和路径。2021年，全国两会将城市更新首次写入政府工作报告。2022年两会政府工作报告提出提升新型城镇化质量，有序推进城市更新，要深入推进以人为核心的新型城镇化，不断提高人民生活质量。

---

[1] 王林：《基于城市更新行动的城市更新类型体系研究与策略思考——以上海市为例》，《上海城市规划》2023年第4期。

　　党的二十大强调"坚持人民城市人民建、人民城市为人民"，提高城市规划、建设、治理水平，加快转变超大特大城市发展方式，实施城市更新行动，为做好新时代超大城市工作指明了前进方向、提供了根本遵循。"人民城市为人民"强调了"人民城市"在于满足人民对美好生活的向往。不忘初心，方得始终。城市发展成果归根结底是为了人民，"人民的心"是城市工作的"指挥棒"和"测量仪"。衡量城市规划、建设管理各方面的标准应是人民赞成不赞成、答应不答应、满意不满意。[1]2024 年，党的二十届三中全会面对人民群众新期待，紧紧围绕推进中国式现代化进一步全面深化改革；再次强调人民城市理念，深化城市建设、运营、治理体制改革，推动形成超大特大城市智慧高效治理新体系；建立可持续的城市更新模式和政策法规，深化城市安全韧性提升行动。

第一节　研究概况及思路框架

　　上海作为高度城镇化的超大型城市，城市建设发展模式已经进入从外延扩张转向内涵提升、从大规模的增量建设转向存量更新为主的新阶段。《上海市国民经济和社会发展第十四个五年规划和二〇三五年远景目标纲要》提出加强政策有效供给推动城市有机更新，完善城市更新法规政策体系，积极开展政府与企业的多方式合作，探索城市

---

[1] 吴建南：《践行"人民城市"重要理念，扎实推进气候适应型城市建设》，《探索与争鸣》2022 年第 12 期。

有机更新中的实施路径、推进方式和资源利用机制，形成可复制的城市更新行动模式。2021 年 8 月，上海发布了《上海市城市更新条例》，自 9 月 1 日起实施，对城市更新的目标、要求、管理职责、管理制度等内容进行了规定。为上海市城市更新工作提出更高要求，并带来重要机遇。2023 年，上海发布《关于深化实施城市更新行动加快推动高质量发展的意见》(以下简称《高质量发展意见》)，指出实施城市更新行动是贯彻党的二十大精神、加快转变超大城市发展方式的重要举措，事关上海全局和长远发展。

一、研究目的与意义

为贯彻习近平总书记"人民城市"重要理念，按照"上海 2035"总体规划确定的建成现代化国际大都市，实现高质量发展、高品质生活的目标，更好地落实新公布施行的《上海市城市更新条例》和《高质量发展意见》法规文件，推进上海城市更新工作，有必要剖析城市更新的内涵，破解与回应上海在城市更新中遇到的问题与挑战，理顺不同更新类型的工作内容和基本流程，形成具有上海特色的政府引导、市场运作、公众参与的城市更新模式。

本书提出新发展时代上海推进城市更新的操作路径和举措，以及近期推进城市更新的主要抓手和政策建议，进一步推动形成具有上海特色的政府引导、市场运作、公众参与的城市更新模式，有序推进上海城市更新工作向规范化、系统化、可持续化方向发展。为《上海市城市更新条例》和《高质量发展意见》的实施、细则的制定，以及推进上海城市更新工作提供技术支撑。

二、研究对象

依据对城市更新的范畴界定。明确上海市全域范围内的若干重点更新领域。包括历史风貌保护活化、人居环境更新、公共空间和公共设施更新、产业园区转型升级和商业商办更新及综合性区域等多个重点领域，并在确定的重点更新领域中提出相应的对策建议。

三、研究思路与框架

为贯彻习近平总书记"人民城市"重要理念，更好地落实新公布施行的《上海市城市更新条例》法规文件，通过文献、相关政策文件、政府企事业单位各层级调研，上海城市更新活动的现状调研等方法，分析当前上海城市更新的发展现状，梳理本市城市更新的类型与特征，研究提出本市城市更新的内涵，界定本市城市更新的范畴，借鉴国内外优秀案例经验，理顺不同更新类型的更新治理策略，形成具有上海特色的政府引导、市场运作、公众参与的城市更新模式。

（一）上海城市更新发展现状调研

通过文献梳理、从市级层面的相关政策文件解读，相关区、部门的快速调研及资料收集，相关企事业单位的多层级调研，上海市若干重点领域的现状调研，分析上海城市更新的发展现状，剖析其发展背景、发展历程及阶段特征。从提高城市能级、提升城市品质、增加城市活力和魅力、改善生态环境和生活品质等方面，研究分析当前城市更新状况、需求及新发展时代要求的差距，研究形成下一步工作的着力点。

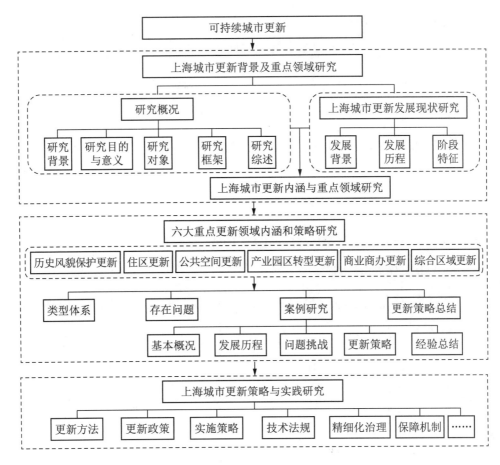

图 1-1　研究框架与技术路线

（二）上海城市更新发展内涵研究，界定城市更新的重点领域

在分析上海城市更新发展现状的基础上，研究剖析新发展时代上海城市更新的内涵，界定上海城市更新的范畴，将城市更新类型界定为历史风貌保护更新、住区更新、公共空间更新、产业园区转型更新、商业商办更新、综合区域更新六大方面。进一步梳理出六大方面中每一方面更为细致的分类及类型特征，从而提出目前上海城市更新工作过程中的问题与挑战。

（三）城市更新案例研究

通过城市更新活动相关政策文件及文献梳理，以"点、线、面"相结合的原则，选取不同类型、不同规模的若干城市更新最佳实践案例及成功经验，进行深入分析，研究案例的更新治理策略并进行经验总结，提取不同城市更新类型的案例的保护与更新方法，吸取优秀经验。

（四）探索不同更新类型的更新治理策略，提出进一步推进上海城市更新工作对策建议

在评估和系统调查的基础上，理顺不同更新类型的更新治理策略，形成上海市城市更新工作的策略方案，从更新方法、更新政策、技术法规、实施机制、精细化治理等方面提出新发展时代上海城市更新治理策略。进一步推动形成具有上海特色的政府引导、市场运作、公众参与的城市更新模式，有序推进上海城市更新工作向规范化、系统化、可持续化方向发展。

第二节　城市更新发展历程研究综述

城市更新是国际城市规划的重点课题，尽管各国背景不同，面临的问题不同，但发展趋势相似。本节将从国内外、上海城市更新发展历程及研究综述等内容展开研究。

一、国内外城市更新发展历程

（一）西方城市更新发展历程

西方城市更新历程可分为四个阶段，每阶段有独特的背景、参与者、更新方式和结果。[1]

第一阶段：第二次世界大战战后经济快速发展的时期，以清除贫民窟为核心的城市更新。为提升城市形象和高效利用市中心土地，西方许多城市通过大规模拆除贫民窟，新建购物中心、高档宾馆和办公楼开展更新。英国最早于 1930 年通过《格林伍德住宅法》（Greenwood Act）启动此类行动，美国则在 1937 年通过《住宅法》（Housing Law）以改善住房条件。这一时期的更新方式被称为"推土机式"重建，主要由政府提供资金和补偿，主导更新区域和过程。

第二阶段：以"福利色彩的邻里重建"为主题的城市更新，逐渐取代了推土机式重建。20 世纪 60 年代是西方经济快速发展的黄金时期，社会开始重视消除贫困和公平问题。凯恩斯主义推动了政府提供公共服务的责任意识，城市更新关注弱势群体，确保原居民享受更新带来的福利。美国在 20 世纪 60 年代中期推出现代城市计划（Model Cities Program）以解决城市贫困问题，英国则在 60 年代后期实施内城复兴和社会福利提升的政策。这种福利型社区更新在瑞士、荷兰、德国等欧洲国家广泛推广，加拿大、法国、以色列等国也借鉴了美国

---

[1] 董玛力、陈田、王丽艳：《西方城市更新发展历程和政策演变》，《人文地理》2009 年第 5 期。

的模式。

第三阶段：从政府导向的福利主义社区重建转向市场导向的地产开发。20 世纪 70 年代开始，全球经济下滑对西方国家经济增长造成重要冲击，政府转换更新政策刺激经济。20 世纪 80 年代，英国开展新古典主义发展模式，以地产开发为主导，商业、办公及贸易中心等项目成为更新支柱，各部门被视为推动城市经济复苏的关键，公共部门的角色转向为各部门创造良好环境。美国则通过"城市复兴"政策减少联邦政府资助，推动地方负责城市规划。市场导向的城市更新强调政府与分支机构合作，打造标志性建筑和娱乐设施，吸引中产阶级回归中心，刺激经济发展。这种模式在商业上取得成功，至今仍被广泛采用。

第四阶段：城市更新理念转向注重人居环境和可持续发展，强调社区参与和多维度综合治理。20 世纪 90 年代开始，更新的重点不仅是改善物质环境，还包括保护社区历史建筑、保留集体记忆等。英国 1991 年的"城市挑战"计划就体现了这一理念。它将多个城市更新基金合并，推动居民参与和产权联合，以分享开发收益。城市更新的目标是综合解决城市问题，实现经济、社会和物质环境的持续改善。

（二）我国城市更新发展历程

新中国成立初期，以解决城市居民基本生活环境和条件问题为主。由于财政紧张，城市建设主要关注基本的公共卫生、城市安全和居住水平的提升等方面。城市发展重点围绕改善工业布局结构，解决城市职工的住房问题。从这一角度而言，中国对城市更新的关注从改革开放开始至今经历了三个重要发展阶段[1]：

第一阶段：改革开放后随着社会主义市场经济体制的建立，以大规模的旧城功能结构调整和旧居住区改造为主。第三次"全国城市工作会议"通过《关于加强城市建设工作的意见》，提升了城市建设工作的重视程度。1984年，《城市规划条例》作为首部城市规划与建设的法规，提出了对旧城区改建的新方针，即"加强维护、合理利用、适当调整、逐步改造"，这对城市规划工作具有重大的转折意义。随着经济复苏和市场融资的参与，城市开始经历快速变化。

第二阶段：20世纪90年代开始，快速城镇化时期则以旧区更新、旧工业区的文化创意开发、历史地区的保护性更新为主。随着土地使用权出让和财政分税制的建立，土地使用权从国有到私有的转变释放了巨大的势能。在这一制度背景下，人口城镇化和土地财政双重驱动，旧城更新通过正式的制度路径获得融资资金。以"退二进三"为标志的城市更新全面展开，即工业企业从市区迁出，转向发展商业、服务业等第三产业，这成为当时城市更新的重要特征。在人口城镇化和土地财政的双重推动下，城市更新大规模展开，工业企业外迁，城市结构调整，工人转岗和再就业成为主要挑战。

第三阶段：2012年至今，城市更新更加强调以人民为中心和高质量发展推进，更加重视城市综合治理和社区自身发展。随着城镇化率超过50%，城市更新成为存量规划时代的必然选择，重点转向提升

---

[1] 阳建强、陈月：《1949—2019年中国城市更新的发展与回顾》，《城市规划》2020年第2期。

城市品质、产业升级和土地集约利用。2014 年的《国家新型城镇化规划》和 2015 年的中央城市工作会议标志着城镇化从高速增长转向中高速增长，进入以提升质量为主的新阶段。党的十九大进一步强调满足人民对美好生活的需要，城市更新的原则和目标发生深刻转变，更加关注城市内涵发展和品质提升。

在中国城市更新 70 多年的发展历程中，初期重点解决居民基本生活环境问题；改革开放后，大规模调整旧城功能结构和改造旧居住区；快速城镇化时期，更新旧区、开发旧工业区文化创意和保护历史地区；如今，强调以人民为中心的高质量发展，注重城市综合治理和社区发展，形成了多元化、多层次、多角度的城市更新新格局。

（三）上海城市更新发展历程

回顾上海改革开放以来的城市发展，从更新的实施对象、推进主体、政策特征等多方面，以及经济、社会、环境等多维度，将上海城市更新历程划分成三个阶段：

第一阶段：20 世纪 80 年代到 2000 年，该阶段以增量建设及大拆大建为主。以城市重建与复苏为主要任务，在国家、地方政府、国有企业以及部分私营机构的共同协助下，以保障城市居民的生存环境为前提，以重建、扩展和成片改造城市旧区为主要更新政策，并开始进行历史风貌保护方面的尝试。在物质更新方面，大规模的旧区得到改造，部分城市公共中心也得以更新，同时也有少量工业用地完成了二次开发。

第二阶段：21 世纪初，这一时期为历史风貌保护及中心城发展时期。更新目标转变为城市再开发，主要政策也开始转变为重大项目的开发与再开发，并逐步实施旗舰项目，城市更新建设项目的市场化程度得以大幅提升。在物质更新方面，主要为城市公共中心及重点片区的再开发、工业用地的转型升级、风貌区的有机更新，以及部分二级以下旧里改造和零星旧改，上海的社会环境及福利得到大幅改善，同时社会对环境措施的关注日益提高。

第三阶段：2012 年至今，进入存量建设发展时期，持续进行城市有机更新。2014 年召开的上海第六次城市规划工作会议中明确提出上海新一轮城市规划用地"零增长"目标，标志着上海城市由大规模土地扩张的增量发展阶段迈向存量发展的有机更新时代。城市更新政策制定与制度建立成为城市高质量发展的重点，也更为强调在发展过程中对城市社会、经济、文化问题的综合考量。同时，开始将重点拓展至社区与城市公共空间更新等多元主体的共建共享共治；以 15 分钟社区生活圈来统筹和引领社会服务共享与居民参与自治的充分结合。在物质更新方面，特别重视城市街道空间品质提升与精细治理、将市政等高架桥下灰空间改造为公共活动场所、大学校园等教育及城市文化设施等室外空间的开放共享，以及社区微空间等更为多元的更新类型；不同类型的城市更新交织成为城市经济、社会文化、空间发展的主题与主体。2021 年《上海市城市更新条例》的颁布，标志着以城市更新为城市建设与发展主要特征的上海城市更新时代的到来，城市进入更为精细化的高质量发展时代。

表 1-1　上海城市更新阶段梳理

时期	20 世纪 80 年代到 2000 年	2000—2012 年	2012 年以来
发展阶段	城市重建与复苏	城市再开发	城市有机更新
主要更新对象内容	有限的旧区改造和公共中心更新； 大规模的旧区改造； 工业用地的二次开发	二级以下旧里改造及零星旧改； 城市公共中心及重点片区的再开发； 工业用地转型升级； 风貌区有机更新	覆盖住宅、公共中心、产业区、风貌区、城市公共空间、城市街道、社区微空间等更为多元的更新类型
主要更新政策倾向	城市旧区重建与扩展； 城市旧区成片改造	进行开发与再开发的重大项目； 实施旗舰项目	政策与实践结合，更为全面的发展； 更加强调社会、经济、文化问题的综合处理
主要更新推进主体	国家、地方政府和国有企业	政府加强引导； 市场化程度大幅提升	政府、产权人与私营机构的"合作伙伴"模式； 社区力量和公益组织的参与
经济维度资金来源	政府投资为主，私营机构为辅	私营机构投资的影响日趋增加，市场占据主导地位； 重大项目政府投资	市场主导地位； 政府投入为辅； 产权人自有资金投入； 公益基金开始参与
更新社会效应维度	居住与生活质量的提高； 社会环境及福利的改善	社会环境及福利的大幅改善	开始以社区为主题； 社区自治与社区共享； 社区文化的兴起，城市人文复兴
更新环境维度	基本生存环境的保障； 有选择地加以改善	对于广泛的环境措施的日益关注	更广泛的环境可持续发展理念的介入； 人本化理念的加深

二、国内外城市更新研究综述

（一）国外城市更新研究综述

在城市更新内涵研究中，西方学者认为，城市更新是一种将城市中已经不适应现代化城市社会生活的地区作必要的、有计划的改建活动。英国学者彼得·罗伯茨（Peter Roberts）和休·塞克斯（Hugh Sykes）对城市更新的定义是："综合协调和统筹兼顾的目标和行动；这种综合协调和统筹兼顾的目标和行动引导着城市问题的解决，这种综合协调和统筹兼顾的目标和行动寻求持续改善亟待发展地区的经济、物质、社会和环境条件。"[1]

在城市更新理论研究中，克里斯·考奇（Chris Couch）出版的《城市更新：理论与实践》（Urban Renewal: Theory and Practice）是一本较早的系统性的城市更新理论与实践的教材。该书概述城市更新的理论和实践经验，介绍了相关的城市经济、社会、管理和设计理论，并将其应用于当前的城市更新实践的讨论。[2] 马克·迪金（Mark Deakin）等人研究了最近通过所谓的"积极和综合的制度安排"（an active and integrated institutional arrangement）来减少能源消耗和相关碳排放水平的尝试。通过将大规模改造提案包括更新和重建的愿景、总体规划、节能、低碳等内容整合到城市更新战略中。[3]

在城市更新机制的研究中，阳建强（1996）分析了英国内城衰退的历史背景、原因及其复兴政策的演变，强调城市更新应综合考虑物质、经济和社会要素，探寻并解决城市衰退的根本矛盾，同时维持城市社区网络的重要性。[4] 刘健（2013）研究了法国巴黎通过协议

[1] 引自刘伯霞、刘杰、程婷：《中国城市更新的理论与实践》，《中国名城》2021年第35卷第7期。

[2] Couch C., "Urban Renewal: Theory and Practice". *Macmillan International Higher Education*, 1990.

[3] Deakin, Mark, Fiona Campbell, Alasdair Reid, and Joel Orsinger. "The Mass Retrofitting of an Energy Efficient—Low Carbon Zone." *Springer London*, 2014.

[4] 阳建强：《英国内城政策的发展》，《新建筑》1996年第3期。

开发区制度（ZAC）进行城市更新改造的实践，强调了该制度在政府主导下的市场化运作、协调各方利益、整合城市面貌和协调土地交通等方面的有效性，以及在提升城市功能、改善居住环境和促进社会经济发展中的重要性。[1]唐燕等（2022）以西欧城市更新为研究对象，概述了二战后西欧城市更新开展的基本动态，进而剖析了城市更新政策与制度供给的重要意义及其在欧洲各国呈现出的多元化状态，最后聚焦德国城市更新的公共资助体系、荷兰城市更新的政策转型影响、卢森堡城市更新的内外部关系及瑞士城市更新的非正式规划路径，探讨了西欧城市更新政策与制度建设的治理策略应对。[2]阿达纳（Adana）、布尔萨（Bursa）和伊兹密尔（Izmir）分析了当地社区对自上而下实施大规模城市更新项目的政治反应之间的差异，得出居委会（neighborhood associations）形式的基层动员与规划权力的集中化有着复杂的关系。这些零星的自下而上回应政府主导的城市重建为被官方忽视的城市居民提供了另一种"计划外"的参与机制。

在城市更新实践研究中，西方不同国家和城市根据其社会、经济和文化背景，采取了多样化的更新策略。波士顿南湾创新区，是美国第一个官方成立的创新区。紧邻老城区，以"科技回归都市""老城区废土重塑科创区"为转型理念，成为波士顿迅速崛起的创新区。通过"功能复合，公共开放，风貌保护"的城市更新方法，创建培育

[1] 刘健：《注重整体协调的城市更新改造：法国协议开发区制度在巴黎的实践》，《国际城市规划》2013年第6期。
[2] 唐燕、范利：《西欧城市更新政策与制度的多元探索》，《国际城市规划》2022年第37卷第1期。

创造性发展的紧密生态系统和集群，建立大量的协作空间和机构。在改造过程中注重新老建筑的结合，营造出区域既有科技又有历史的氛围。同时，以优惠的税率来鼓励开发商提供开放的城市公共空间。通过政府、企业多元合作的实施机制，推动基础设施配套，开发建设及运营。伦敦的金丝雀码头（Canary Wharf）曾为废弃的码头，通过城市更新转变为伦敦的新金融中心。项目依托两条轨交线，立体组织公共空间和其他功能空间，充分利用码头资源，结合原有水系对建筑进行布局。在整体统一的总体规划和弹性及自由式的城市设计下，通过航运工业文脉与新兴业态的整合，建筑与工业元素的风貌保护和有机更新，继承和再利用城市文脉，形成富有活力的城市水岸。大卫·戈登（David L. A. Gordon）探讨了伦敦金丝雀码头倒闭与复兴的经验与启示，[1] 莎拉·史蒂文斯（Sara Stevens）分析了建筑师在城市重建项目设计和组织实践中面对的挑战。[2] 约翰娜（Johanna Katharina Vita Meier）进一步提出对伦敦金丝雀码头垂直城市化的社会空间含义的批判性讨论。[3]

（二）我国城市更新研究综述

我国最早的关于城市更新的政策制定可以追溯到改革开放初期，

［1］　Gordon, David L.A., "The Resurrection of Canary Wharf", *Planning Theory & Practice*, 2001.

［2］　Stevens, Sara, "Visually Stunning while Financially Safe. Neoliberalism and Financialization at Canary Wharf", *Ardeth. A magazine on the power of the project*, 2020.

［3］　Meier, Johanna Katharina Vita, "Deconstructing the High-rise: A critical examination of the socio-spatial implications of vertical urbanism in Canary Wharf, London." *Cities Studio Annual Review*, 2024.

随着时间的推移，城市更新政策不断发展和完善，按照前述我国城市更新三个发展历程阶段，分别形成了三个阶段的政策性文件。第一阶段，改革开放初期，中国开始进行城市规划和建设的探索，逐步形成了一系列与城市更新相关的政策和指导思想。1980 年制定的《中华人民共和国城市规划法（草案）》，以及 1984 年公布的《城市规划条例》中提出了旧城区改建的原则，包括"充分利用、逐步改造"的方针。第二阶段，20 世纪 90 年代开始，随着城市土地有偿使用制度的全面实施，城市更新政策开始更加注重市场机制的作用。2004 年，国土资源部颁布了《关于继续开展经营性土地使用权招标拍卖挂牌出让情况执法监察工作的通知》，规定了经营性用地出让的招拍挂制度。2007 年，《中华人民共和国物权法》的颁布进一步规范了城市更新中的拆迁工作。第三阶段，2012 年至今，城市更新政策更加注重以人为本和高质量发展。2014 年，《国家新型城镇化规划（2014—2020 年）》提出了旧城改造机制的优化提升。2019年 12 月，中央经济工作会议首次强调了"城市更新"这一概念，会议提出"要加大城市困难群众住房保障工作，加强城市更新和存量住房改造提升，做好城镇老旧小区改造，大力发展租赁住房"。2021年，城市更新的重要性进一步升级，被纳入"十四五"规划和 2035年远景目标纲要中，成为国家战略。同年，住建部发布《关于在实施城市更新行动中防止大拆大建问题的通知》，旨在避免城市更新过程中的无序扩张，推动城市高质量发展。2022 年，党的二十大提出"加快转变超大特大城市发展方式，实施城市更新行动"。2023年先后发布《关于扎实有序推进城市更新工作的通知》《支持城市更新的规划与土地政策指引（2023 版）》等。2024 年，党的二十届三中全会提出，建立可持续的城市更新模式和政策法规，深化城市安全韧性提升行动。这些都体现了中国对城市更新重视程度的提升，以及从棚户区改造到老旧小区改造，再到全面推进城市更新行动的过程，共同推动城市更新活动向更加可持续、以人为本的方向发展。

与此同时，我国城市更新相关研究也始于改革开放初期，与城市更新发展历程基本同步，并积极推动和支撑我国城市更新政策的制定。

在城市更新理论研究方面，1980 年陈占祥先生最早提出"城市更新"概念，强调城市自身的演变过程，突出经济因素在城市更新中的作用，并提出更新途径包含重建、保护和维护等。1984 年，我国首次召开旧城改建经验交流会，正式拉开了中国旧城更新理论研究的序幕，城市更新理论也经历了从偏重于技术问题的讨论到深入系统的理论研究的转变过程。1994 年，人居环境科学的创建者吴良镛院士通过北京菊儿胡同改造的理论与实践，总结出"有机更新"理论，该理论的核心要点是，城市有机更新要做到在以人为本、满足社会发展需求的同时传承区域历史文化；后又有其他学者提出连续渐进式的小规模开发，开始重视生态环境，提倡以人为本，强调公众参与等更新策略。[1] 1996 年，朱自煊开启了历史地段保护更新的探索与实践，开展屯溪老街历史地段的保护与更新规划，探索由上至下的保护整治与由下至上的更新改造相结合的有机更新与可持续治理之路。[2] 郑

---

[1]　吴良镛：《从"有机更新"走向新的"有机秩序"——北京旧城居住区整治途径（二）》，《建筑学报》1991 年第 2 期。

[2]　朱自煊：《屯溪老街保护整治规划》，《建筑学报》1996 年第 9 期。

时龄院士（2017）深入探讨了影响城市更新的多种因素、城市更新所面临的挑战以及更新的重点。他通过对上海城市更新目标的分析，强调城市更新是一个动态过程，不仅包括物质层面的更新，如城市结构、空间、建筑和环境道路的改造，还涉及非物质层面的更新，包括思想观念、生活方式以及城市治理模式的革新。[1] 阳建强（2000）分析了中国城市更新的现状、特征和发展趋势，指出城市更新不仅是物质环境的改善，更是社会经济发展和城市结构调整的重要机制，强调了城市更新的复杂性、长期性和艰巨性，并提出了全面系统的城市更新策略。[2] 赵民（2010）探讨了我国城市旧住区渐进式更新的理论、实践与策略，通过分析国内外城市更新的发展历程和案例，强调了在城市发展中采用渐进式更新模式的必要性，并提出了一系列策略以促进城市旧住区的可持续更新。[3] 伍江（2021）对城市更新的相关表述进行了系统性的梳理，并分析了城市更新的不同阶段。[4] 他指出，中国城市发展模式正经历从增量扩张向存量提质的重大转型，需要进行常态化的有机更新。张杰（2019）探讨了在存量时代背景下，城市更新与织补的策略，强调了创新作为城市发展的根本动力，以及混合功能区和复合社区在提升城市质量、促进社会融合中的重要性。[5] 王林（2016）探讨了在城市发展进程中如何平衡保护历史文

［1］ 郑时龄：《上海的城市更新与历史建筑保护》，《中国科学院院刊》2017 年第 7 期。

［2］ 阳建强：《中国城市更新的现况、特征及趋向》，《城市规划》2000 年第 4 期。

［3］ 赵民、孙忆敏、杜宁等：《我国城市旧住区渐进式更新研究——理论、实践与策略》，《国际城市规划》2010 年第 1 期。

［4］ 伍江：《城市有机更新与精细化管理》，《时代建筑》2021 年第 4 期。

［5］ 张杰：《存量时代的城市更新与织补》，《建筑学报》2019 年第 7 期。

化遗产与城市现代化的需求，以及通过多种更新模式实现城市的有机生长和可持续发展，提出建立"更新、保护、创新"的城市有机生长理念。[1]

　　在城市更新机制研究方面，阳建强等（2016）提出城市更新要同时体现市场规律和公共政策属性，同时要改进提高城市更新规划的编制方法和技术，完善和健全城市更新的实施运作机制。[2]张文忠（2021）探讨了中国城市体检方法体系，旨在通过构建生态宜居、健康舒适、安全韧性等多维度的城市体检指标，实现对城市发展状态的定期分析、评估和监测，以推进城市治理体系和治理能力现代化，促进城市高质量发展。[3]通过城市体检的方法，对城市进行综合评估，识别出城市中存在的问题和不足，为城市更新提供目标和方向。诸大建等（2021）探讨了以人民城市理念为引领的上海社区更新微基建，强调其在提升居民生活品质、建设韧性城市、促进中小企业发展以及实现经济、社会、环境协调发展中的重要性，并提出了具体的实施策略和建议。[4]黄卫东（2021）梳理了深圳城市更新与城市治理演进的互动历程，分析了深圳在不同发展阶段如何通过城市更新制度、政策与规划技术的创新响应城市治理的需求，并探讨

[1] 王林：《有机生长的城市更新与风貌保护——上海实践与创新思维》，《世界建筑》2016年第 4 期。

[2] 阳建强、杜雁：《城市更新要同时体现市场规律和公共政策属性》，《城市规划》2016年第 1 期。

[3] 张文忠、何炬、谌丽：《面向高质量发展的中国城市体检方法体系探讨》，《地理科学》2021年第 1 期。

[4] 诸大建、孙辉：《用人民城市理念引领上海社区更新微基建》，《党政论坛》2021年第 2 期。

了深圳城市更新对城市治理现代化的促进作用。[1]唐燕（2022）认为有效的城市更新制度建设在我国需要实现"治理尺度—动力机制—管控要素"的多维适配，包括建立国家和地方相互支撑的城市更新政策体系、针对城市更新项目的动力强弱实行差异化管控、建构"主体—空间—资金"相适配的系统化更新规则。[2]黄瓴（2023）进一步深化了对城市更新的理解，认为城市更新是一个多元且复杂的系统工程，是空间治理中的一项重要公共政策。通过对重庆市现行城市更新制度和实践案例的深入剖析，她总结出了城市更新的实施路径，包括创新管控方法、合理引导市场参与以及丰富公众参与渠道等。[3]王林（2023）探讨了构建全国层面指导性框架和地方层面操作性更新类型体系的必要性，提出了上海城市更新的六大类型体系，并从更新理念、规划引领和政策机制创新等方面提出了推进城市更新的策略思考，旨在为城市更新行动提供科学化、精细化和系统化的实施策略。[4]赵民（2024）强调城市更新的多样性和体系性、经济评价的多维度性，以及城市更新对城市整体经济社会发展的重要性，城市更新是系统工程与永续过程。他提出城市更新的公共财政本质上是城市的大财务，节约成本和增加收益是城市更新的重要考

---

[1] 黄卫东：《城市治理演进与城市更新响应——深圳的先行试验》，《城市规划》2021年第6期。

[2] 唐燕：《我国城市更新制度建设的关键维度与策略解析》，《国际城市规划》2022年第1期。

[3] 黄瓴、唐坚、方小桃等：《治理转型下重庆市城市更新实施路径研究》，《规划师》2023年第4期。

[4] 王林：《基于城市更新行动的城市更新类型体系研究与策略思考——以上海市为例》，《上海城市规划》2023年第4期。

量。[1]赵燕菁（2024）聚焦城市更新在财务上的可持续性、对社会的影响以及城市规划中财务知识的重要性，提倡在城市更新过程中，应综合考虑财务可行性、社会影响和长期可持续性，进行更综合的动态评估。[2]陈杰（2024）在其论述中强调了城市更新应遵循"尺度法则"，注重更新单元空间尺度的合理划定、创造性探索、时间窗口把握以及空间生产内容的引导，以实现公共财政可持续的城市更新。[3]

在城市更新实践研究方面。常青院士（2014）对旧城改造中的历史空间存续和再生，在认知和实践的层面上作了深度探讨，反思了西方影响和中国实际背景下的城市更新途径；主张在历史空间之于城市进化的积极意义方面，思考和探索保存与更新的关系。[4]边兰春（2016）探讨了北京城市更新中公共空间的演进，分析了不同历史阶段公共空间的特征和形成背景，强调了公共空间在城市文化传承和社会生活中的核心作用，并提出了未来公共空间塑造的导向，为理解城市社会发展动态和城市空间发展轨迹提供了深入视角。[5]王林等（2018）探讨了上海宝钢不锈钢厂的保护更新与城市设计实践，强调了在城市更新中应注重工业遗产的整体保护和有机更新，提出了

［1］　赵民、赵燕菁、刘志等：《"城市公共财政可持续的城市更新"学术笔谈》，《城市规划学刊》2024年第3期。

［2］［3］　赵民、赵燕菁、刘志等：《"城市公共财政可持续的城市更新"学术笔谈》，《城市规划学刊》2024年第3期。

［4］　常青：《思考与探索——旧城改造中的历史空间存续方式》，《建筑师》2014年第4期。

［5］　边兰春：《统一与多元——北京城市更新中的公共空间演进》，《世界建筑》2016年第4期。

包括战略定位、普查评估、风貌传承和有机更新在内的系统性更新策略，以实现工业区向城市社区的转型。[1]周俭等（2022）探讨了上海曹杨新村"15分钟社区生活圈"的规划实践，强调了以人民为中心的发展思想，通过公众参与、多专业团队协作和渐进式更新策略，旨在提升社区生活质量、强化社区特色，并实现社区的可持续发展。[2]张杰等（2023）以景德镇现代瓷业遗产保护与更新系列实践为例，探索并建立了工业遗产保护传承、新旧共生、功能适配、绿色提升四个维度的技术体系，以工业遗产保护利用为引领，促进城市更新和高质量发展。[3]吴志强院士（2024）基于城市规划与更新实践经验，探讨这些策略在实际操作中的应用效果与遇到的挑战，提出"城市更新十二诀"——一套综合考虑人文关怀、技术应用、政策支持和市场动力的城市更新策略，力求为城市更新领域提供新的视角和解决方案。[4]

（三）总结

从城市更新研究内容的演化上看，城市更新的研究从单一化的物质空间研究向应用型政策研究过渡，最后向综合性机制研究转变。新发展时期的城市更新与以往模式相比，无论是更新理念、内涵与目标，还是更新方式、任务及机制，均发生了巨大且深刻的变化，需要

---

[1] 莫超宇、王林、薛鸣华：《上海宝钢不锈钢厂保护更新与城市设计实践》，《时代建筑》2018年第6期。

[2] 周俭、周海波、张子婴：《上海曹杨新村"15分钟社区生活圈"规划实践》，《时代建筑》2022年第2期。

[3] 张杰、李旻华、解扬：《工业遗产保护利用引领城市更新的技术创新——景德镇现代瓷业遗产保护与更新系列实践》，《建筑学报》2023年第4期。

[4] 吴志强：《城市更新十二诀》，《城市规划学刊》2024年第3期。

上升到经济社会总体发展和城市发展机制的高度，才能准确把握城市更新的本质内涵和基本属性。更新理念上更加强调整体性、系统性和持续性。更新目标上更加突出以人为本和高质量发展。更新类型上形成要素更加多元、层次更加丰富的新局面。更新机制上强调政府、市场和社会的共同参与。

第三节　上海城市更新内涵与重点领域研究

上海，作为高度城镇化的超大型城市，城市建设发展模式已经进入到从外延扩张转向内涵提升、从大规模的增量建设转向存量更新为主的新阶段。2021 年 8 月 25 日，上海市人大常委会发布了《上海市城市更新条例》，为城市更新的目标要求与管理制度等提供立法支撑；政府及相关部门相继颁布《上海市城市更新规划土地实施细则（试行）》及《上海市城市更新行动方案（2023—2025 年）》，对上海市城市更新工作提出更高要求，并带来重要机遇。

一、城市更新重点领域的确定

为实现《上海市 2035 城市总体规划》确立的城市发展总体目标，依据《上海市城市更新条例》，结合上海市建委发布的《上海市城市更新行动方案》，确定上海城市更新的六大重点领域：历史风貌保护更新、住区更新、公共空间更新、产业园区转型更新、商业商办更新、综合区域更新。

二、城市更新重点领域研究思路与方法

通过对上海城市更新六大重点领域发展现状的深入调研，研究构建六大重点更新领域的类型体系、分析其中存在的问题与挑战；针对不同类型的城市更新领域，选取相应类型的优秀实践案例，提取其中的成功经验，总结并提出不同更新类型的内涵和更新治理策略。

表1-2　上海城市更新内涵定义与范畴界定

分类	《上海市城市更新条例》中城市更新的内涵	《上海市城市更新行动方案》	上海城市更新重点领域
内涵定义与范畴界定	城市更新，是指在本市建成区内开展持续改善城市空间形态和功能的活动，具体包括： （一）加强基础设施和公共设施建设，提高超大城市服务水平； （二）优化区域功能布局，塑造城市空间新格局； （三）提升整体居住品质，改善城市人居环境； （四）加强历史文化保护，塑造城市特色风貌； （五）市人民政府认定的其他城市更新活动	（一）综合区域整体焕新行动 （二）人居环境品质提升行动 （三）公共空间设施优化行动 （四）历史风貌魅力重塑行动 （五）产业园区提质增效行动 （六）商业商务活力再造行动	（一）历史风貌保护更新 （二）住区更新 （三）公共空间更新 （四）产业园区转型更新 （五）商业商办更新 （六）综合区域更新

三、城市更新内涵及类型研究

（一）科学分类、重点突出和协同实施的城市更新类型体系建构

城市更新标志着城市发展模式的转型，从以往侧重于扩张的"增

量优先"策略，转向注重效益和品质的"存量主导"新阶段。在新时代背景下，深入探讨城市更新的内涵与策略不仅显得尤为迫切，而且具有深远的现实意义。

结合城市更新实践，分析建构科学分类、重点突出和协同实施的城市更新类型体系的重要意义，建立城市更新类型体系框架及其建构基本原则和若干对策，以期为今后更好地引导地方城市更新行动向规范化、系统化、可持续化方向发展提供框架指引和技术支撑。

城市更新是一个系统工程，不仅是对存量物质空间的改造，而且涉及复杂多样的社会经济关系。更新项目类别众多，更新对象纷繁复杂，对每类更新对象的更新要素均需一一梳理、精准施策。因此对城市更新项目予以分类研究，对于分层次、针对性和精细化地开展更新项目管控和推进实施具有重要意义。城市更新的内涵日益丰富、外延不断扩展，形成了丰富的城市更新类型。目前已有针对城市更新主体、更新对象、更新模式、改造强度等视角的多样化的城市更新分类研究，但现有研究在更新分类的体系化、精细化，尤其在指导地方实践等方面缺少系统性的框架指引和体系建构。

以公共空间类更新为例，目前主要从物理特征或功能属性方面来对公共空间进行分类，通常包括绿化空间、广场空间、滨水空间等，往往忽略了作为城市最重要的公共交往空间（街道空间）中的道路和城市地下空间。公共设施的附属公共空间，尤其是市政设施附属空间的公共化更新利用更是被长期忽视，尚未纳入现有的公共空间更新范畴中。目前城市更新行动中的城市公共空间活力和环境质量亟须得到提升，公共空间更新在优化城市空间结构、提升空间品质、提高公共服务效能等方面发挥着重要作用。而公共空间往往由于管理权属的复杂交错、多头管控、协调困难，尤其需要通过增加类型和细化分类，并通过法律法规、技术标准、协调机制等多方面的优化整合，使城市更新行动在各地得以科学有序地推进。

（二）以人民为中心的城市更新类型分类原则

针对城市更新项目，要深入剖析不同类型的具体内涵，认清更新的本质，依据更新的主要问题分类开展更新，结合不同的更新类型综合考虑基本的物质空间改善和社会经济更深层次的需求，包括政府政策、城市产业转型升级和经济可持续增长、社会包容和公平正义、文化认同和传承创新、人居环境改善和人民福祉提升等多方面。

以人民为中心原则，即新时代城市更新分类要体现更新为了人民、更新依靠人民、更新成果由人民共享的原则，把"人民城市人民建，人民城市为人民"的理念始终贯彻在城市更新分类工作中。深入把握当前中国城镇化正走向高质量发展阶段。城市更新分类要始终把实现人民对美好生活的向往为出发点和落脚点，坚持以民生需求为先，聚焦历史遗留和安全底线等人民急难愁盼的问题，充分体现人民群众意愿，尊重人民群众的差异性需求和地方性文化特点，将人民需求、人民参与和人民共识作为更新分类的关键考量。

（三）基于实施城市更新行动的分层次、精细化和可操作的分类方法

结合城市更新的历史脉络和分类原则，在详细的历史调查、现状调研等研究基础上，提出城市更新分类方法。在借鉴国内外已有的更新分类研究基础上，兼顾类型体系的系统性、可操作性和动态性，将其分为更新大类、中类和小类三个层级。在每个层级的细类划分上，

以相关法律法规和政策文件为依据，结合实施对象的空间形态和功能特点，考虑更新实施中相应的模式方法进行细分。

1. 以相关法律法规和政策文件为依据

定义的城市更新是指建成区内开展持续改善城市空间形态和功能的活动，明确了城市更新活动的实施范围和对象，即城市建成区的城市空间对象。城市空间对象作为承载城市结构形态和功能服务的基础，也是城市规划、建设和管理实践中划分工作界限和更新实施的重要依据，适于作为划分城市更新大类的分类标准。在北京、上海等市的城市更新相关政策文件中，为明确各类城市功能区不同的发展要求与更新目标，因地制宜、分类施策，多数根据更新项目的空间实施对象划分更新大类。例如 2023 年 3 月施行的《北京市城市更新条例》规定，城市更新主要分为居住类、产业类、设施类、公共空间类、区域综合性更新及市政府确定的其他城市更新活动。2023 年 4 月上海市政府发布的《上海市城市更新行动方案》确定了上海城市更新的六大重点领域：历史风貌保护更新、住区更新、公共空间更新、产业园区转型更新、商业商办更新和综合区域更新。尽管如此，受政策制定主导部门管理权限及地方城市更新工作重点等因素的影响，地方性政策中的更新分类仍存在不同程度的更新类型重叠、更新对象覆盖不全等不足之处。

2. 结合更新对象的空间形态和功能特征

城市更新活动的实施和效果体现在城市空间形态和功能的持续改善。为进一步细分更新类型，明确更新内容的重点难点，可将实施对象的空间形态和功能特点作为更新种类划分的主要依据。例如，在住区更新中，房屋建筑类型较多，不同类型住宅的更新需求也不同，例如一些旧式里弄住宅普遍缺少基础设施配套，一些早期开发的多层住宅存在停车位不足、没有电梯等适老化改造不足等问题。建筑的空间形态及功能特点在很大程度上决定了更新内容要素、施工技术要求和管理实施重点。以上海为例，按照住区历史发展、空间形态和功能特点，将上海市住区更新的类型划分为里弄住宅、花园住宅、公寓住宅、工人新村（含职工住宅）、商品住宅和城中村6个中类。将花园住宅类根据住宅空间特征，进一步细分为独立式花园住宅、联立式花园住宅和别墅式花园住宅3个小类。又如，根据保护条例并结合保护更新对象的空间形态特点，将历史风貌保护更新类型细分为保护建筑、保留历史建筑、风貌保护河道、风貌保护道路、风貌保护街坊和历史文化风貌区6个中类；并将历史文化风貌区根据空间形态和功能特点，细分为海派生活社区型、特殊历史功能型、公共活动中心型、传统地域文化型和江湾历史文化型5个小类。

3. 结合更新对象的内容重点和实施策略

与增量时代的城市开发相比，存量时代的城市更新具有权利人多元、空间环境多样和实施主体多元等特点，一些诸如低效用地盘活、零散闲置空间利用、空间功能混合利用等问题愈加明显。在更新细分类型的实际推进工作中，还存在配套政策不完善、工作机制未理顺等客观现实，在具体的更新实践探索中形成了一些具有地方性的更新模式、方法和机制，构成了基于更新实施策略细分更新类型的基础。例如在工业更新中，更新对象的空间形态和功能特点不构成更新分类的有效依据，而根据更新策略中涉及的用地性质和用地功能转变与否划分为3个中类。再如，将城市公共空间更新类型体系分为7个中类，包括绿化空间、街道空间、滨水空间、广场空间、地下空间，新增了长期被忽略的公共服务设施附属公共空间与市政基础设施附属公共空间作为城市公共空间的重要更新类型，并根据其不同的更新重点和实施策略，再细分为 31 个小类。

同时，还存在一些特殊类型的更新对象，因其所处区域、内容要素、功能规模或影响力等方面的特点，在更新内容重点、政策配套及实施策略上也具有特殊性。例如在综合区域更新上可分为中心区、滨水区、综合交通枢纽区和工业区 4 个中类，其中，中心区又可划分为中央活动区、城市副中心、新城中心等小类。

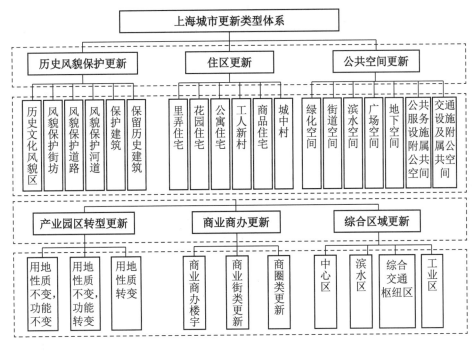

图 1-2　上海城市更新六大类的 29 中类

第二章
历史风貌保护更新类型与策略研究

本章深入剖析历史风貌保护更新类型，划分为六中类二十小类；选取外滩源、田子坊、徐汇衡复风貌保护道路为代表性案例，总结提炼每一类型的更新策略；从更新的方法、政策、机制等方面，提出不同更新类型的策略和建议。

第一节　历史风貌保护更新类型

在城市更新背景下，如何有效保护和利用城市的历史风貌，已成为上海可持续发展和历史文脉传承的重要议题。依据《上海市历史风貌区和优秀历史建筑保护条例》，将上海市历史风貌保护更新的类型归纳为：面状的历史文化风貌区和风貌保护街坊、线状的风貌保护道路（街巷）和风貌保护河道、点状的保护建筑和保留历史建筑，共六种类型。

图 2-1 上海城市历史风貌保护更新的类型

一、历史风貌保护更新类型

表 2-1 历史风貌保护更新六种类型内涵定义

	类　　型	定　　义
面状保护	历史文化风貌区	历史建筑集中成片，建筑样式、空间格局和街区景观较完整地体现上海某一历史时期地域文化特点的地区
	风貌保护街坊	历史建筑较为集中，或者空间格局和街区景观具有历史特色的街坊
线状保护	风貌保护道路（街巷）	沿线历史建筑较为集中，建筑高度、风格等相对协调统一，道路线型、宽度和街道界面、尺度、空间富有特色，具有一定历史价值的道路或者道路区段，可以确定为风貌保护道路
	风貌保护河道	沿线历史文化资源较为丰富，沿河界面、空间、驳岸和桥梁富有特色，具有一定历史价值的河道或者河道区段，可以确定为风貌保护河道

（续表）

类　型		定　义
点状 保护	保护建筑	文物保护单位：为中国大陆对确定纳入保护对象的不可移动文物的统称，并对文物保护单位本体及周围一定范围实施重点保护的区域。文物保护单位是指在具有历史、艺术、科学价值的古文化遗址、古墓葬、古建筑、石窟寺和石刻等所在地设立的，用于文物保护工作的单位
		优秀历史建筑：建成三十年以上，并有下列情形之一的建筑，可以确定为优秀历史建筑：（一）建筑样式、施工工艺和工程技术具有建筑艺术特色和科学研究价值；（二）反映上海地域建筑历史文化特点；（三）著名建筑师的代表作品；（四）与重要历史事件、革命运动或者著名人物有关的建筑；（五）在我国产业发展史上具有代表性的作坊、商铺、厂房和仓库；（六）其他具有历史文化意义的建筑
	保留历史建筑	具有一定建成历史，能够反映历史风貌、地方特色，对整体历史风貌特征形成具有价值和意义，不属于不可移动文物或者优秀历史建筑的建筑，可以通过历史风貌区保护规划确定为需要保留的历史建筑

（一）历史文化风貌区

历史文化风貌区包括中心城历史文化风貌区和郊区历史文化风貌区。

1. 中心城历史文化风貌区

表2-2　12片中心城历史文化风貌区

衡山路—复兴路历史文化风貌区	涉及徐汇、黄浦、静安、长宁区，以花园住宅、里弄、公寓为主要风貌特色
愚园路历史文化风貌区	涉及长宁、静安区，以花园、里弄住宅和教育建筑为特色
山阴路历史文化风貌区	位于虹口区，以革命史迹、花园、里弄住宅为风貌特色
新华路历史文化风貌区	位于长宁区，以花园住宅为风貌特色
龙华历史文化风貌区	位于徐汇区，以烈士陵园和传统寺庙等为风貌特色
提篮桥历史文化风貌区	位于虹口区，以特殊建筑（监狱）和里弄住宅、宗教场所为风貌特色

（续表）

虹桥路历史文化风貌区	位于长宁区，以大量乡村花园别墅为风貌特色
外滩历史文化风貌区	涉及黄浦、虹口区，以外滩历史建筑群、建筑轮廓线及街道空间为风貌特色
人民广场历史文化风貌区	涉及黄浦区，以近代商业文化娱乐建筑、南京路—人民广场城市空间和里弄建筑为风貌特色
南京西路历史文化风貌区	位于静安区，以各类住宅和公共建筑为风貌特色
老城厢历史文化风貌区	位于黄浦区，以传统寺庙、居住、商业、街巷格局为风貌特色
江湾历史文化风貌区	位于杨浦区，以原市政中心历史建筑群和环形放射状的路网格局为风貌特色

2. 郊区历史文化风貌区

表 2-3　32 片郊区历史文化风貌区

1	浦东高桥老街历史文化风貌区	17	南翔古猗园历史文化风貌区
2	浦东川沙中市街历史文化风貌区	18	嘉定西门历史文化风貌区
3	浦东新场历史文化风貌区	19	嘉定娄塘古镇历史文化风貌区
4	大团北大街历史文化风貌区	20	松江泗泾下塘历史文化风貌区
5	航头下沙老街历史文化风貌区	21	松江府城历史文化风貌区
6	南汇横沔老街历史文化风貌区	22	松江仓城历史文化风貌区
7	南汇六灶港历史文化风貌区	23	宝山罗店历史文化风貌区
8	青浦老城厢历史文化风貌区	24	金山枫泾历史文化风貌区
9	青浦朱家角历史文化风貌区	25	金山张堰历史文化风貌区
10	青浦练塘镇历史文化风貌区	26	奉贤庄行南桥塘历史文化风貌区
11	青浦金泽历史文化风貌区	27	奉贤青村港历史文化风貌区
12	青浦重固老通波塘历史文化风貌区	28	奉贤奉城老城厢历史文化风貌区
13	青浦白鹤港历史文化风貌区	29	闵行七宝古镇历史文化风貌区
14	徐泾蟠龙历史文化风貌区	30	闵行浦江召楼老街历史文化风貌区
15	嘉定州桥历史文化风貌区	31	崇明堡镇光明街历史文化风貌区
16	南翔双塔历史文化风貌区	32	崇明草棚村历史文化风貌区

3. 总结归纳

12 片历史文化风貌区和 32 片郊区历史文化风貌区总结归纳为以下五种类型 [1]：

（1）风貌完好之海派生活社区型风貌区

衡山路—复兴路历史文化风貌区：以花园住宅、里弄、公寓为主要风貌特色。愚园路历史文化风貌区：以花园、里弄住宅和教育建筑为特色。山阴路历史文化风貌区：以花园、里弄住宅、革命史迹为风貌特色。新华路历史文化风貌区：以花园住宅为风貌特色。

（2）具有标志性和独特性的公共活动中心型风貌区

外滩历史文化风貌区：以外滩历史建筑群、建筑轮廓线及街道空间为风貌特色。人民广场历史文化风貌区：以近代商业文化娱乐建筑、南京路—人民广场城市空间和里弄建筑为风貌特色。南京西路历史文化风貌区：以各类住宅和公共建筑为风貌特色。

（3）特殊历史功能型风貌区

龙华历史文化风貌区：以烈士陵园和传统寺庙等为风貌特色。提篮桥历史文化风貌区：以特殊建筑（监狱）和里弄住宅、宗教场所为风貌特色。虹桥路历史文化风貌区：以大量乡村花园别墅为风貌特色。

（4）传统地域文化型风貌区

老城厢历史文化风貌区：以传统寺庙、居住、商业、街巷格局为风貌特色。虽然在中心城的范围内，传统地域文化型的风貌区只有老城厢一处，但推广到郊区，这种类型却具有普遍的代表性。郊区历史文化风貌区：大多数以传统江南水乡风貌为特色。

---

[1]　陈飞、阮仪三：《上海历史文化风貌区的分类比较与保护规划的应对》，《城市规划学刊》2008 年第 2 期。

（5）江湾历史文化风貌区

江湾历史文化风貌区：以原市政中心历史建筑群和环形放射状的路网格局为风貌特色。江湾历史文化风貌区是1930—1940年代，上海市特别市政府制定的《大上海都市计划》的实施遗存，在所有风貌区中风貌特征和保护意义都是独一无二的。

（二）风貌保护街坊

2016年，上海市政府审批通过了风貌保护街坊的确定，同意将明德里等119处风貌保护街坊和金陵东路（西藏南路—四川南路）等23条风貌保护道路（街巷）列为上海市历史文化风貌区范围扩大名单并予以公布。2017年，上海市政府将黄浦HP-01-Ⅱ街坊等131处第二批风貌保护街坊列为上海市历史文化风貌区范围扩大名单并予以公布。

截至目前，上海市风貌保护街坊共250处，占地约11.5平方公里。7种风貌保护街坊包括：里弄住宅风貌街坊、工人新村风貌街坊、大专院校风貌街坊、工业遗存风貌街坊、历史公园风貌街坊、混合型风貌街坊、传统村落街坊。

（三）风貌保护道路（街巷）

2007年9月，上海市规划局出台《关于本市风貌保护道路（街巷）规划管理的若干意见》，确定了中心城区12个风貌区内的风貌保护道路共计144条，其中一类风貌保护道路有64条。时至今日，上海已经划定了169条风貌保护道路。风貌保护道路（街巷）保护级别有：

一类风貌保护道路（街巷）：沿线建筑风貌特色明显的道路，规划保持原有道路的宽度和相关尺度。保护好沿线的保护建筑，严格控制沿线开发地块的建筑高度、体量、风格、间距等。这一类道路共计64条。

二类风貌保护道路（街巷）：沿线分布有一定数量的保护建筑，并有一定的其他建筑和开发地块，交通状况基本满足要求，道路一般保持历史宽度和现状宽度，规划不再拓宽，沿线开发地块在高度、体量、风格等方面要求与周边历史风貌相协调。

三类风貌保护道路（街巷）：道路沿线或单侧保护建筑分布较少，有相当的交通需求，为满足交通要求，可选择单侧拓宽、调整和完善道路线形等措施加以解决。规划的街道高宽比接近原有街道比例，可通过装饰相似的建筑符号、细部等增加特色和协调感。与整体风貌不协调的已建建筑要进行外观整治。

四类风貌保护道路（街巷）：沿线保护建筑较少，但宽度和线形有一定特色，且交通需求较低的道路。规划基本保持原有尺度，沿线规划建筑的高度、风格等应与整体风貌相协调。

（四）风貌保护河道

2018 年 12 月，上海市规划和自然资源局、市水务局联合出台《上海市河道规划设计导则》，在全市中小河道的整治中全面推行、实施。根据河道所处的区位、河道两侧腹地的功能、河道资源特色、历史资源禀赋等划分为五种类型河道（段）：公共活动型、生活服务型、生态保育型、历史风貌型及生产功能型。

上海市风貌保护河道属于历史风貌型，共 79 条。历史风貌型风貌保护河道，即位于城市建成区，河道两侧主要布局有特色的保护保留建筑，强调以历史风貌保护为主的河道，兼顾文化、商业、游览等活动；单位面积内人的参与度较高；空间基本维持原有的历史风貌特点。

（五）保护建筑

保护建筑分为文物保护单位及优秀历史建筑。

1. 文物保护单位

文物保护单位分为四级，包括全国重点文物保护单位、市级文物保护单位、区级文物保护单位、文物保护点。

2. 优秀历史建筑

优秀历史建筑分为近、现代优秀历史建筑的保护。1990年，上海市政府公布了第一批优秀近代建筑，并在1991年12月颁布了《上海市优秀近代建筑保护管理办法》，这是中国最早将建设不到100年的建筑列入保护名单并予以立法的专项规定。

上海于1989年、1994年、1999年、2005年和2015年相继公布了第一批61处、第二批175处、第三批162处、第四批230处、第五批426处优秀历史建筑，至今为止，上海共有1054处优秀历史建筑，尤其是其中包括了工业建筑、工人新村，以及建成30年左右的现代建筑等。上海是中国最先提出这样先进理念和做法的城市。

（六）保留历史建筑

上海是最早提出"保留历史建筑，保护整体风貌"的城市。上海的点状单体建筑的保护内容有文物保护单位、优秀历史建筑和保留历史建筑三类。其中，保留历史建筑即保护建筑以外，风貌有明显特色的历史建筑，保留历史建筑是构成历史文化风貌区的重要组成部分，未经规划许可，不得整体拆除，应予以维修和再利用。早在2004年，上海市规划局制定《衡山路—复兴路历史文化风貌区保护规划》，通过规划控制，提出保留历史建筑，保证整体风貌得到最大程度保护。该规划的一个重要特点是对风貌区内所有建筑进行分类，用历史的眼光细致地对规划区域内的每一栋建筑进行分类，在认真甄别与鉴定的基础上，明确每一栋建筑的留、改、拆性质，制定了建筑保护与更新图则，开启了中国近现代建筑及风貌建筑的保护先河。

二、历史风貌保护更新体系

基于历史风貌保护更新的类型，将上海历史风貌保护更新细分为六中类、二十小类。

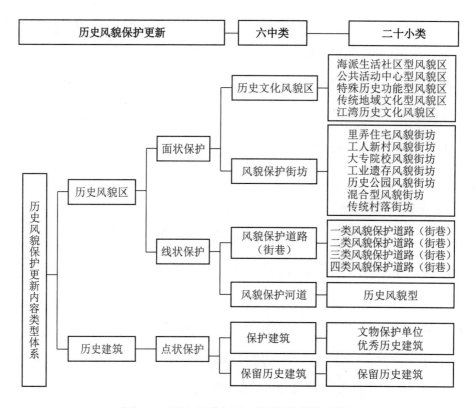

图 2-2　历史风貌保护更新的类型体系图

第二节　历史风貌保护更新存在问题

历史风貌保护更新存在的问题挑战聚焦于保护更新方法、规划土地政策、技术法规、实施机制等四方面，具体如下：

在保护更新方法方面，主要存在以下问题：一是保护范围上，存在着"重单体、轻整体"。建筑单体更新较多，整街坊区域提升项目较少，且对于空间格局、整体肌理的保护不足。二是功能使用上，存在着"重保护、轻利用"。更新项目的功能同质，类型单一，单体优秀历史建筑主要以保护修缮为主，活化利用的路径和方式需要丰富和创新。

在保护更新政策方面，主要存在以下问题：一是规划指标缺乏弹性，风貌保护规划调整程序不明确。风貌区中已经确定的容积率、高度、覆盖率、绿地率、用地性质等规划控制指标不能满足现行需要，有待合理调整。二是土地供应方式有待多元化，现行的土地招拍挂制度不允许不相邻土地的捆绑出让，导致企业缺乏对风貌保护项目投资开发的积极性。三是风貌区中历史建筑的使用功能根据需要发生转变，用地性质却不能实现变更，难以适应市场经济需求。

在技术法规方面，主要存在以下问题：一是与城市规划管理技术规定存在矛盾。《上海市城市规划管理技术规定》中有关建筑间距、建筑面宽及建筑物退让道路红线、河道蓝线等指标控制要求无法适用于风貌区。二是风貌保护整治与消防、抗震、防汛等相关行业技术规定存在矛盾。风貌区中普遍存在消防间距、材质的耐火等级、室内疏散、抗震等级等无法满足现行规范。

在实施机制方面，主要存在以下问题：一是项目实施主体上以政府为主，市场参与较弱，公众参与不足。二是启动资金高，成本大，资金回收难度大，缺乏配套资金。三是保护更新实施中配套政策适用的范围窄、政策奖励力度不足，房屋产权复杂、房地产权责关系不明确，更新实施难以推进。四是项目实施推进周期过长，涉及多元利益主体，协调难度大。

第三节　历史风貌保护更新实践

对历史风貌保护更新的六种类型分别进行具体细分后，并找出存在的问题，研究以下案例的优秀更新策略并进行经验总结，从保护更新方法方面、保护更新政策方面、技术法规方面、实施机制方面提出相关的政策建议。

在案例选取方面，研究依据原有典型功能及改造后功能的转变或总体提升，以及不同类型的更新主题，在历史文化风貌区类别中选取了外滩源、思南公馆、建业里、上生新所案例；在风貌保护街坊类别中选取了今潮 8 弄、田子坊、安康苑、曹杨一村、英雄金笔厂、宝钢不锈钢厂案例；在风貌保护道路案例中选取了徐汇衡复风貌保护道路案例；在风貌保护河道案例中选取了新场古镇、朱家角风貌保护河道案例；在保留、保护历史建筑类别中选取了颖川寄庐、公益坊案例。

下文将选取历史文化风貌区类别的外滩源、风貌保护街坊类别的田子坊、风貌保护道路类别的徐汇衡复风貌保护道路为代表性案例，从基本概况、发展历程、问题挑战、更新策略、经验总结五方面展开具体阐述。

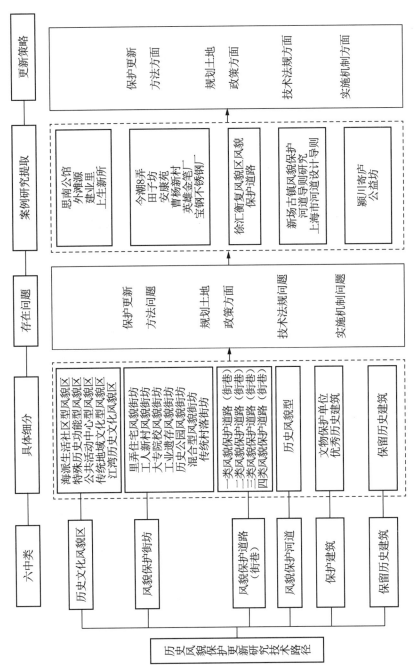

图 2-3　历史风貌保护更新案例的研究技术路径图

一、历史文化风貌区保护更新实践：外滩源

（一）基本概况

外滩源地处上海市黄浦区，位于黄浦江和苏州河的交汇处，东起黄浦江、西至四川中路、北抵苏州河、南面滇池路，占地 16.4 公顷，是外滩的源头。1843 年上海开埠后，由于交通便捷、国内外贸易繁荣，上海经济发展，外来文化传入上海。20 世纪初至 30 年代，外国巨资银行在外滩兴起的同时，外商机构、各国商会、洋行、教会、律师、建筑师、营造商、外国领事馆和外国报刊也纷纷落户外滩源。当时的外滩成为上海的金融中心，外滩源也就成为外商居住、办公、商业、文化娱乐的重要活动场所。区域内保留着一批建于 1920 年至 1936 年间的各式近现代建筑，呈现多种建筑风格，是国家级文物保护单位、外滩建筑群、外滩历史文化风貌区的核心区域。

外滩源是 2004 年市政府批准的上海市历史文化风貌区成片保护整治试点项目，也同时被列为上海市重大建设项目、黄浦江两岸综合开发先行工程、苏州河综合改造项目及上海世博会配套项目。在政府近 30 年的持续推动与引导及社会多方的共同努力下，外滩源的保护更新得以逐步实施，成为上海历史风貌保护更新的代表街区、国际文化旅游的新地标。

外滩源项目一期包括外滩源 33 号、益丰外滩源、半岛酒店、洛克·外滩源（外滩源 174 号街坊）、市政及环境景观配套等五个保护更新项目；用地面积 9.7 公顷，规划建筑面积 18.21 万平方米，保留、保护建筑 18 幢，保留保护建筑 6.15 万平方米。

　　图 2-4　外滩源圆明园路 19 世纪面貌　　　　　图 2-5　外滩源 20 世纪末面貌

图 2-6　外滩源 21 世纪面貌

（REF：外滩投资公司 & 洛克外滩源公司）

（二）发展历程

　　外滩源的保护更新工作大致可以分为以下几个阶段：

　　第一阶段：20 世纪 90 年代初期恢复外滩金融贸易区功能定位，实施开展以功能置换为核心的外滩保护更新工作。自新中国成立后，外滩地区原有的银行、办公大楼等建筑，大多由市政府等机关单位使用。在改革开放和经济发展的推动下，90 年代上海市提出要恢复和发展外滩地区金融贸易功能，政府和机关单位逐渐从外滩源及外滩地区搬离，开启了当时上海非常有影响力和代表性的第一阶段的外滩保护更新工作——外滩大楼功能置换。由政府主导开展外滩保护更新工作，并专门成立了国有企业久事公司专门开展外滩的金融功能置换工作。作为这一进程的一部分，外滩源位于外滩源 33 号及圆明园路沿线地块内的原有市级机关及企事业单位逐步搬离该办公地点。

第二阶段：外滩功能定位向金融、文化、旅游、休闲的复合功能转型，21 世纪初确立了外滩源的"重塑功能、重现风貌"的目标定位，并作为上海市历史文化风貌区的保护更新试点全面推进。

外滩地区在 2002 年被划为上海市区 12 片历史文化风貌区中的外滩历史文化风貌区；同年，黄浦江两岸再开发启动，研究提出外滩源以重塑功能、重现风貌为街区发展指导原则，即以保护为核心，恢复历史风貌为内容；在市政府的直接推动和支持下，启动外滩源历史街区保护与整治试点项目、制定风貌空间保护策略导则，并制定历史建筑保护与修缮导则。2003 年开展外滩源保护规划研究工作。2004 年黄浦区区属国企上海外滩投资开发集团有限公司（原上海新黄浦集团有限责任公司，以下简称外滩投资公司）、民间资本上海洛克菲勒集团外滩源综合开发有限公司（以下简称洛克外滩源公司）、香港嘉道理家族共同参与保护与更新建设，并开启外滩源城市设计国际方案征集。2005 年外滩历史文化风貌区保护规划（暨控制性详细规划）获批。此后，外滩源的五个项目相继启动获批并开始保护更新建设，包括外滩 33 号的整体保护修缮（原英国领事馆及其官邸，整体景观的保护与恢复）、半岛酒店、圆明园路两侧的 7 处保护保留建筑的外立面修缮、益丰外滩源的修缮、市政及环境景观配套项目中圆明园路沿线以步行为主的人车共行道路修缮。其中外滩 33 号及半岛酒店在世博期间已经开放运营。通过整体性保护与更新，外滩源整体环境品质得到显著提升，原有不协调的建筑与环境，被进行了逐一剔除或改造，使其与整体环境有机协调。

在此期间，2005 年开启的外滩滨江公共空间的整体改造，结合外滩隧道工程建设，由规划到建设仅用 5 年时间完成。这一改造在外滩地下建设一条双层 6 车道快速通道，将外滩地面原先 10 车道保留了 4 车道；原有的 100 米道路红线，释放出 50 米的宽度给到城市步行公共空间，使得外滩从繁忙的车行交通功能中解脱出来。原有外滩的快速道路难以通过地面步行到达滨江，通过外滩这两个项目的改造，缝合了黄浦江滨水空间与外滩历史风貌，真正体现了以人民为中心的城市公共空间理念。特别是在外滩源地区，原来的吴淞路闸桥斜跨苏州河连接到中川东一路，高架部分斜切外滩源地区后接入地面，导致其被高架遮挡，严重破坏了历史风貌。外滩隧道工程建设拆除了吴淞路闸桥，通过地下隧道穿越苏州河，使得苏州河口、外滩源地区恢复了历史景观，加之与黄浦公园的良好衔接，使得外滩的历史风貌得以重塑，以更亮丽的新貌迎接世博会。

第三阶段：外滩源一期街区功能重新注入，新旧建筑风貌融合，在重现风貌的基础上，基本实现重塑功能，项目全面建成；同时外滩源二期开展规划和前期准备。世博会之后，外滩源相继建设完成若干新建项目。具体包括益丰外滩源项目新建建筑，即洛克·外滩源项目中的光陆大剧院新建部分（众安大楼）、美丰大楼及 3 幢住宅等陆续建成，并于 2023 年全面开放运营。同时注入商业文化、旅游休闲及办公等复合功能，贯通街区整体公共空间。至此，外滩源一期项目全面建成，并基本投入使用，实现了整个街区的城市更新。

随着外滩源一期项目的顺利推进，市、区两级政府在2018年联手推动外滩源二期项目，使得保护更新工作从外滩第一立面向第二立面纵深推进。该项目北起南苏州路，南至滇池路，东抵虎丘路与圆明园路南段，西靠四川中路，由黄浦区171号街坊、172号街坊与173号街坊三部分组成，目前二期保护更新工作正在探索中。

（三）问题挑战

如何在最大限度地保护外滩源历史风貌前提下，满足现代城市发展需求，重塑街区功能。众多的历史建筑年久失修，街区内违章搭建现象普遍，历史风貌破坏严重；城市功能与空间品质严重滞后。外滩源作为打造上海中央活力区的最核心部分，如何保护历史遗产，同时注入新的城市功能，成为外滩源项目亟须解决的问题。

在实施保护更新过程中，新建和保护的结合往往存在与现有技术规定之间的矛盾。为了维护外滩源风貌区的传统特色和整体格局，新建的建筑必须在建筑间距、规划红线限制和高度等方面与旧有建筑和谐共存。这些要求往往与既有技术规范相悖，因此在尊重历史遗产的同时，满足现代建筑标准变得极具挑战性。

历史风貌区保护更新面临资金压力困境。外滩源地区的经济价值未被充分发掘，甚至被严重低估。外滩源一期共有五个项目，其保护更新建设不仅需要修缮原有的历史建筑，还要注入新功能及新建建筑。这一过程中需要的投资巨大，更新周期长，整体情况错综复杂，面临巨大挑战。

（四）更新策略

1. 保护更新方法方面

（1）保护与更新相结合，重现区域整体风貌

从 2002 年开始，在政府推动与引导以及社会多方的共同努力下，外滩源通过实施整体性保护与更新，重现区域整体风貌，还原了环境的原真性、风貌的整体性和生活的延续性。对本风貌区所特有的历史文化价值的建筑、城市肌理、空间布局、道路格局和尺度等真实而浓厚的历史遗存和信息，尽可能地予以保护和保留，对不协调的增改建部分积极恢复历史原貌。外滩源区域内保留的历史建筑总面积约 6.12 万平方米，占原历史建筑总量的 75% 以上，其余改建、装修均以"整旧如旧"为基本原则。

为重现外滩源整体区域风貌，外滩 33 号项目的英国领事馆及官邸、新天安堂、教会公寓、划船俱乐部等历史建筑予以保留，完整恢复了外滩 33 号原英国领事馆的草坪和绿化景观布局，同时保留古树名木 27 棵。恢复沿圆明园路的步行空间，圆明园路的所有历史建筑均予以保护，从原来的 7 幢扩充到 11 幢。

（2）新建与保留结合，优化空间形态与功能

通过实施保护规划，外滩源整体环境品质得到大力提升，原有不协调的建筑与环境，被逐一剔除或改造，使其与建筑物风格有机协调。外滩源逐步形成金融、文化娱乐、商业办公、酒店公寓及公共活动空间等组成的多元复合城市功能区。

例如洛克·外滩源项目中美丰大楼的保护更新方案：由英国建筑大师戴卫·奇普菲尔德（David Chipperfield）承担保护与修缮设计工作，在保留原美丰大楼位于圆明园路与北京东路交汇处的东、南两侧三层外

墙的基础上，内部新建了一座高达 59.8 米、包含地上十四层及地下一层的高层建筑。建筑采用了混凝土框架核心筒结构，形成了一座融合新旧元素的独特建筑。这种"结构换胆"的创新建筑手法，在上海属于首次尝试，展现了对历史建筑保护与现代建筑技术结合的探索与创新。

（3）开放公共空间，激发场所活力

外滩源塑造了多个各具特色的公共空间，增强了城市空间的连贯性。外滩 33 号原英国领事馆及官邸有历史围墙和栏杆，为促进空间开放，将围墙边的铁门打开，与半岛酒店及洛克·外滩源的公共空间相连，公共空间由封闭转换为开放。洛克·外滩源项目的规划上要求所有巷弄均开放，并精细设计了 3 个公共广场，承担城市广场和公共通道功能。外滩源整体地块的公共空间相互连通，成为一个 24 小时开放的空间体系，为市民和游客提供了更加开阔的交流和休闲场所。

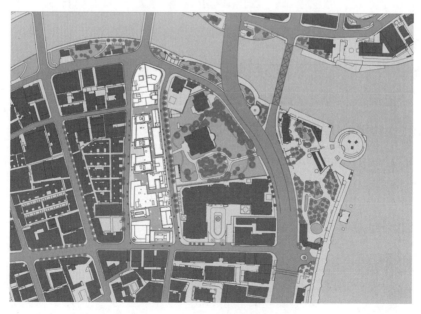

图 2-7　公共空间的重塑与创造

（REF：《外滩源 174 街坊修建性详细规划》）

2. 保护更新政策方面

（1）规划综合用地性质，实现街区功能复合

为了实现外滩源集商业办公、文化旅游、休闲及居住功能为一体的复合功能定位，规划设置为综合用地性质，打破原有对建筑及用地功能的单一划分，并设定不同功能的比例，给予空间，使其留有未来调整的余地。

洛克·外滩源建筑总量为94079平方米，其中餐饮占27.2%、商业零售占5.2%、文化娱乐占11.5%、办公占35.6%、酒店式公寓占10.5%以及配套设施占9.9%，并允许更新主体按照市场需求去灵活调整布局。在功能的空间分布上，采用立体功能布局，1至3层为商业区，4至6层为办公区，7层及以上为住宅区，巧妙地实现了功能的高度复合，使之成为一个高品质、多功能的24小时活力街区。

（2）建筑高度微调，兼顾保护与发展

基于现实需求，外滩源提出新建建筑高度要在原控规规定的50米上有所突破。外滩源174街坊修建性详细规划草案在调整过程中，因地块土地已经批租，建筑总量已经确定，而历史建筑由原来的7幢增加到了11幢，由此带来了新建50米高度无法满足批租的建筑总量，需要通过建筑高度的局部微调来实现。在此情况下，通过外滩天际轮廓线及圆明园路的视线分析，将新增高度隐藏于新建的50米半岛酒店的后面，即美丰大楼改建建筑高度控制在60米，最大程度地减少了对风貌的影响。

（3）道路红线调整，延续历史风貌

为了保护街区的历史风貌和道路尺度，并考虑到保护和保留建筑的权属登记及房产证核发，外滩源174街坊的修建性详细规划对建筑内的道路红线进行了调整。规划允许新建建筑紧贴道路红线建造，无需进行退让，以确保历史风貌的保护和建筑权属的合法化。

3. 技术法规方面

（1）在满足消防安全的前提下，突破建筑间距的要求

根据按照现行《上海市城市规划建筑管理技术规定》，多层与多层建筑之间的间距应为 6 米，多层与高层建筑间距为 9 米，而高层与高层建筑间距为 13 米。然而，在实际的外滩源一期项目中，若按照此规定要求，新建建筑无法建造。

174 街坊的整体方案在满足消防安全的前提下，突破技术规定对建筑间距的要求，通过新建建筑与历史建筑的整体方案设计与功能布局，以批准的修建性详细规划来实现其合法性。

（2）调整地块建筑绿地率规定，延续街区风貌

按照当时《上海市植树造林绿化管理条例》中的要求，新建半岛酒店项目的绿地率需要在 35% 以上，而现有方案中半岛酒店项目绿地率无法满足。基于对外滩风貌保护的需求，规划最后批准半岛酒店可在不减少原有绿地面积的情况下进行建设。这一政策后被沿用下去，最终也写入《上海市绿化条例》，即"在历史文化风貌保护区和优秀历史建筑保护范围内进行建设活动，不得减少原有的绿地面积"。

4. 实施机制方面

（1）政府自上而下的推动引领，企业、公众等多元主体共同参与的历史文化风貌区保护与更新

外滩源保护更新是在持续不断的政府推动与引导以及社会多方的共同努力下得以逐步实施。20 世纪 90 年代政府专门成立的国有企业久事公司从事外滩的功能置换工作，为外滩源保护更新工作的开展奠

定坚实基础。2002年被划为历史文化风貌区后正式开展保护更新工作，经过20多年的持续更新，外滩源由此实现了从单一金融功能向多元化功能的转换，逐步完成了从中央商务区（CBD）到中央活动区（CAZ）的华丽转变。

外滩源的开发建设由国有的外滩投资公司和民间资本分别进行保护与开发建设。其中外滩源33号、益丰外滩源、圆明园路及周边的市政环境景观由外滩投资公司负责；香港嘉道理家族持有的香港上海大酒店有限公司开发半岛酒店；洛克·外滩源公司开发外滩174街坊，即洛克·外滩源。在外滩源二期项目建设中，由市、区政府推动，区属国企外滩投资公司、市属国企地产集团等共同展开相关征收及建设工作。

以外滩源为代表的外滩地区的保护和更新，总体上是政府由上至下的整体推动，在社会各界的共同努力下，街区历史建筑得以完整保留，城市风貌得以延续，又通过功能的置换，积极吸引国内外的投资，激发出其潜在的活力。街区更新是不断叠加、发展的过程，是持久的、可持续的、渐进式的生长，可以看到外滩源地区改造还在继续发生。

（2）资金政策方面

在市、区政府和有关部门的指导和支持下，外滩源一期历时十多年基本建成，其间得到相关政府政策扶持，这些扶持强有力地保障了项目开发建设，使得外滩源一期项目在开发后10年回本。外滩源一期获得的政策扶持主要有[1]：

---

[1]　材料来源：上海外滩投资开发（集团）有限公司（原上海新黄浦（集团）有限责任公司）。

土地出让金返还。外滩源一期由上海外滩投资开发集团有限公司承担总体开发职能，统一组织实施项目的前期开发和大市政配套工作，并在政府主导下积极引进外资参与项目投资、协调推进项目建设。外滩源一期中，半岛酒店地块出让给香港半岛酒店进行开发建设。洛克·外滩源地块通过协议出让给洛克·外滩源公司进行开发建设，其中外滩投资公司占有少部分股权。根据当时的相关政策法规文件精神，在市、区政府和有关部门的支持下，外滩源一期先后获得了半岛酒店地块和洛克·外滩源地块的土地出让金返还，继续用于外滩源的整体保护更新工作，占项目总投资的17.7%，给予外滩源一期整体建设极大的资金支持。

公房残值补偿减免。外滩源一期房屋腾空采用动迁置换模式，在房屋动迁置换基本完成后，在市、区政府和有关部门的支持下，按照当时的相关政策法规文件精神，项目获得了公房残值补偿减免的扶持措施，在一定程度上缓解项目资金压力。依据上海市房屋管理的相关规定，在进行动拆迁征收时，需向原有公房的居住人分配80%的补偿比例，而公房的产权主体占有剩余的20%比例，最终，政府给予这20%产权主体所占份额减免政策。

市政配套设施前期补偿费免收。在外滩源一期开发建设过程中，当时的上海新黄浦（集团）有限责任公司作为前期开发及大市政配套的实施主体，积极向市、区政府和有关部门提出申请，最终让项目获得了免收电站建设前期成本补偿费的扶持政策。

动迁安置房源保障。根据当时的相关政策法规文件精神，在市、区政府和有关部门的支持下，外滩源一期获得了160套市重大工程配套商品房，有力地推动了项目动迁安置工作。

（五）经验总结

外滩源项目保护与更新相结合，真正实现了重现风貌、重塑功能。项目尽可能地保护和保留了其独有的历史文化价值，包括建筑、城市肌理、空间布局、道路格局和尺度等。对于与历史风貌不协调的部分，进行增改建或拆除，以维护外滩源独特的历史风貌和文化价值。对于需要满足复合功能需求的新建建筑，通过削减建筑的体量，吸取外滩建筑群的元素，对建筑外立面的材质、色彩、建筑细部进行精细设计，使新建建筑外观形象与外滩建筑群协调，新旧建筑相辅相成，共同重现了区域整体风貌。外滩源项目不仅为城市更新和历史建筑保护提供了一个成功的样板，更是可持续城市更新理念的生动体现，它展示了如何在尊重历史的同时，为现代城市生活注入新的活力，实现了历史与现代的和谐共生。

在外滩源控制性详细规划中实施弹性调整的策略。外滩源在功能布局上，对用地进行综合性考虑，充分考虑其可实施性；没有对具体单幢建筑的功能有严格要求，而只是确定了地块中各种功能的比例，使得每幢建筑的功能都是高度复合的。此外，在保持总量不变的情况下，充分考虑现实需求和历史风貌保护，灵活调整规划红线和建筑高度；针对规划红线，新建建筑紧贴道路红线建造，无需进行退让。同时，采用视线分析的设计方法，通过合理的城市设计，最大程度地减少对整体风貌的影响。

城市公共空间的开放对于促进社区活力、增强城市魅力具有至关重要的作用。在规划上，外滩源明确要求整体公共空间对公众开放，并在具体建设中严格实施执行，确保所有公共空间 24 小时向公众开放。这些措施为历史街区注入活力，使之成为一个全天候的社交和文化中心，进一步彰显了城市公共空间开放的重要性。

外滩源的保护更新是在技术管理规定方面的创新突破。基于对历史风貌保护的要求，在满足消防安全的规定的前提下，建筑间距、绿地率突破了原有的技术规定要求，按照批准的外滩源修建性详细规划实施。

历史风貌保护更新项目中资金政策创新的重要性。外滩源一期作为上海市历史文化风貌区成片保护改造试点项目，同时被列为上海市重大建设项目、黄浦江两岸综合开发先行工程等，其重要程度显而易见。为破解在历史风貌区保护更新资金压力方面的困境，外滩源一期作为试点，获得了在项目区域内土地出让金返还、公房残值补偿减免、市政配套设施前期补偿费免收、动迁安置房源保障等资金政策。这些资金政策的支持对于项目的更新建设具有深远影响。

在历史风貌地区应积极探索适合于历史地区和中心城区的建筑技术要求，将外滩源作为试点的成功经验和技术方法，转化应用在历史风貌地区，乃至老城区更新的普适政策中，以实现风貌保护和城市更新的有机融合。

二、风貌保护街坊保护更新实践：田子坊

（一）基本概况

田子坊风貌保护街坊坐落于上海泰康路 210 弄，位于黄浦区中西部，与徐汇区毗邻，北至建国中路，南至泰康路，东至思南路，西至瑞金二路，占地 7.2 公顷。

田子坊是典型上海市民杂居的旧式里弄街坊，因其位于历史上法

租界的边缘，房屋建造的格局较为散乱且质量一般，内部还建有数量不大但较为集中的作为小型生产作坊的里弄工厂仓库。

在 20 世纪 90 年代上海旧区改造已将该地块毛地批租给开发商，准备进行居民动迁、房屋拆除后的街区再开发。后因东南亚金融危机，项目搁置，大批艺术家入驻了里弄工厂，并逐步发展成为具有一定影响力的城市艺术创意产业聚集地。在艺术家和专家的呼吁下，上海市规划局通过调查研究并听取多方意见基础上，提出积极保护上海创意产业萌芽以及石库门里弄与社区公共空间活力，并提出将田子坊原规划的开发容积率转移给泰康路以南地块。该建议得到了上海市政府的支持与同意。在此之后，田子坊就通过民间组织、居民里弄房屋出租，以及街道居委会进行多方协同治理。政府也加大了对街坊内市政、消防、巷弄铺装等基础设施的改造和提升，并为石库门里弄居住及街道工厂功能转换为艺术商店、餐饮、文化展示、艺术家工作室等提供了特殊的政策支持。到 2010 年上海世博会举办期间，田子坊已经发展成为以文化艺术创意为核心、极具特色的创意街区，以及上海文化休闲旅游的网红打卡地。如今，随着商业繁荣带来的租金上涨、原文化艺术产业外迁的问题，田子坊面临商业化过度、整体街区品质下降的挑战。

田子坊不仅是传统的居住型石库门里弄，更是最早萌芽的创意产业集聚区，加之其特有的自发性的以自下而上的方式为主的更新模式，研究其保护更新方法、政策、机制具有重要意义。

（二）发展历程

田子坊街区建成于 20 世纪 30 年代至 40 年代，拥有密集的旧式里弄住宅和闲置的里弄工厂厂房，西侧和南侧主要是高密度里弄住宅区，其中夹杂着一些临时搭建建筑，东侧分布着众多弄堂工厂，街区北侧为原法租界市政建设区，保留了当时的市政公共设施及医疗机构，整个街区拥有上海石库门里弄建筑风貌特色和老上海市井生活氛围。

第一阶段：新中国成立后至20世纪90年代，为改善老百姓居住条件，将其列入动拆迁及土地批租的旧区改造项目。

田子坊因位于原法租界的边缘，在上海大量的石库门里弄中属于规模、特色、建设质量都较差的区域。新中国成立后，田子坊街区内里弄工厂陆续关闭，随着上海快速的城市化进程，大量外来人口涌入上海，中心城里弄住宅居住密度激增。当时田子坊街区户籍人口约1600人，而实际居住人口则超过3000人。一个黑漆大门内原为一户人家居住的使用空间，已经混居了5—6户家庭，变得极其拥挤，且没有独立的卫生设施，居住在此地的老百姓要求搬迁改造的呼声极其强烈。20世纪90年代政府将该区域确定为旧区改造的重点区域，并实施了土地批租，田子坊所在的整个街区以及泰康路南侧共两个街坊明确由开发商通过整体拆除，开发改造为"打浦桥新里城市居住社区"。

第二阶段：20世纪90年代末至2003年，旧改停滞，大批艺术家租赁废弃里弄工厂，形成文化创意聚集的萌芽阶段。

20世纪90年代末的金融危机，使得旧区改造的进程暂时停滞，这一时期也为艺术家们带来了意外的机遇。从1998年陈逸飞、尔冬强等艺术家率先入驻田子坊创办工作室开始，低廉的租金陆续吸引了100多位艺术家在此地驻留发展。艺术家们不仅在这里创作、展示和销售他们的作品，同时也将这些空间作为居住之地。田子坊因此成为位于上海中心区自发形成的、具有相当高文化艺术聚集度的多功能文化艺术聚集地，标志着上海文化艺术创意区的萌芽。2003年经济开始复苏，该地区的旧区改造重新启动，租借了街道工厂厂房的艺术家被通知要搬离，居住在石库门里弄的居民被通知正式进入动迁阶段。

第三阶段：2003年至2008年，艺术家与专家呼吁保留保护街区，迈入市区政府主导、企业协商、民间组织与居民自主选择、多方协作共治的历史风貌保护与创意产业发展阶段。

2003年田子坊街区情况十分复杂，一方面，老百姓非常期盼旧改拆迁启动、改善自身的居住条件；另一方面，在此工作生活了近5年的艺术家们不愿离开，他们联名写信给市政府要求保护田子坊这一区域。负责历史保护的上海市规划局景观处开展调查研究，与艺术家、居民、区政府、开发商等进行多方多次的沟通交流，最终提出了解决矛盾冲突的建议方案：提出要保护城市新兴的文化艺术创意产业萌芽，充分考虑石库门里弄的保护与更新，补充周边地区严重缺少的社区交流公共空间，并与开发商协商通过容积率转移政策，将原有田子坊地块的开发量转移到南侧地块，最终保护保留田子坊。该方案获得了市政府的同意与支持。2008年，政府通过调整规划，暨《卢湾区第56号街坊控制性详细规划调整》，保护田子坊所在的整个街区风貌，增加保护保留建筑数量，调整原规划住宅用地性质为商业、文化、居住兼容的综合用地。黄浦区（原卢湾区）政府搭建了田子坊共同治理的平台，成立田子坊管理委员会。田子坊在市区政府主导、企业协商、民间组织与居民自主选择、多方协作共治下稳步发展。

第四阶段：2008 年至 2016 年，政府通过街区基础设施改造和社区治理，提升街区整体功能与环境品质，成为上海世博会期间旅游打卡地。田子坊成为由下而上、渐进式发展、以文化创意为特色、国际知名的历史风貌区保护更新的经典示范。

随着田子坊石库门里弄出租率的提高，艺术作坊、设计工坊、创意商店入驻，各类餐厅、咖啡、茶室和零售等在此聚集，此时田子坊旧式里弄以居住功能为主的市政基础设施配套严重不足，成为矛盾焦点与社会隐患。街道通过重新铺设弄内水电煤管道，并为每户居民设置一个抽水马桶、消防设施，对餐饮、经营时间等做出明确要求规定，提高了街区整体的环境品质，受到了居民的欢迎和支持。2010 年世博会举办期间，田子坊成功吸引国内外游客，进一步扩大其国际影响力，田子坊的发展达到鼎盛时期。2016 年田子坊被列入上海市风貌保护街坊名单，受到法定层面的保护和保留。

田子坊在老百姓、艺术家、街道工厂房东与租户的民间组织和居民自主选择下自发渐进生长。艺术工作室、餐厅、商店等更新利用从工厂建筑开始，逐渐向石库门居住空间蔓延，形成了商店、作坊、居住空间相互交织的独特混合使用模式。居住在此的老百姓有权自主决定是将房屋出租，还是继续在街区生活。田子坊独具特色、原汁原味的弄堂原貌得到保留，形成了其发展的空间优势，并逐步完成了整体街区乃至周边地区功能的更新与转型。

第五阶段：2016 年至今，随着租金持续上涨，创意产业大量退出，街区管理精细化不足，街区空间与功能品质面临挑战。

创意产业的发展为田子坊带来了巨大的活力，也给田子坊内的居民带来了经济上的增收。田子坊房屋的出租率已经达到 90% 以上，房屋的租金也由最初的 0.15 元 / 平方米 / 日，到平均 5—10 元 / 平方米 / 日，到最高 30 元 / 平方米 / 日。租金多次上涨造成的是艺术创意空间的减少，随着艺术家的迁出逐年增多，加之田子坊火爆后没有对业态做出整体调控，过度市场化逐步转为商业化严重的旅游景区化，早期文化艺术创意特色成为历史背景。过度商业化带来的房屋超负荷使用、商品及街区空间品质逐步下降、文化创意特色消失殆尽，是田子坊保护与更新面临的问题和挑战。

（三）问题挑战

第一，风貌保护与民生改善、艺术创意与旧区改造之间的矛盾。2004 年，田子坊原有旧改方案在经济复苏后重新启动，居民对于搬迁和改造的期望愈发迫切。与此同时，该地区逐渐成为艺术家们的创意艺术集聚地，其文化价值日益凸显。田子坊作为艺术创意产业与石库门里弄的交织区域，站在了保护历史风貌及艺术创意萌芽与改善民生及旧区改造的十字路口，面临着复杂的双重挑战。

第二，房屋实际使用功能与规划功能之间的矛盾。田子坊由里弄住宅和少量街道工厂组成，大多数产权为政府所有，居民拥有使用权和租赁权。而艺术家在此开展艺术活动，后大量商家入驻将房屋用于商业零售、文化艺术展示、咖啡特色餐饮等功能，与房屋原有使用功能不一致，与既有管理政策法规存在矛盾。

第三，田子坊整体环境方面面临一系列挑战。街区内市政基础设施老旧，水电煤及消防等各项设施迫切需要现代化提升，更是无法应对新的功能注入所带来的负荷增加，消防等各项设施也存在严重隐患。这些因素共同构成了田子坊在整体环境改善方面的严峻挑战。

（四）更新策略

田子坊在独特历史进程中呈现了以自下而上的方式为主的保护更新发展特点，我们从保护更新方法、政策、机制三个方面分析其更新策略：

1. 保护更新方法

保留成片街坊风貌，保持原有城市肌理。田子坊的控规调整，对石库门风貌特色建筑的保留、原有体现城市肌理的巷弄保护进行了细致的考虑。在 3.7 公顷规划范围内，保护保留建筑总量由 2.46 万平方米增加至 6.25 万平方米，占街区比例从 34% 增加至 86%。增加保留建筑总量，保持城市原有的肌理和风貌，使得历史街坊整体风貌保护可以实现。

基础设施改善，解决民生问题。针对田子坊市政基础设施配套严重不足、消防隐患、居住环境差等问题，政府进行了整街坊基础设施改造，重新铺设弄内水电煤管道，重新铺设巷弄的路面并设置标识，增设消防设施，同时为每户居民设置入户抽水马桶。通过不得设置有明火需要的中餐馆以减少安全隐患、商店夜间营业不得超过 23 点以防扰民等具体详尽的管理规定与措施方法，整体提高了街区的环境品质。

2. 保护更新政策

（1）规划转移地块开发容积率，实现田子坊街区风貌的抢救性保护

20 世纪 90 年代的田子坊作为旧改地块，由日月光集团通过土地批租获得了开发权。如前所述，为抢救性保护田子坊，规划部门与开发商协商，通过规划调整将田子坊所在街坊的开发增量转移到由同一开发商进行开发的泰康路南部地块上。

通过容积率转移，既保护了田子坊，又兼顾了开发者原有开发权

益与利益平衡；同时田子坊与日月光南北两个地块在空间与功能上实现了互补与复合，也客观上更好地体现了保护与更新的相得益彰。田子坊因创意产业及石库门里弄风貌而带来的国内外影响力和独特吸引力，为日月光发展也带来了人气与活力，同时，日月光大规模的地下停车场设施及其他配套，也极大缓解了田子坊停车难等由于历史街区文化旅游发展所带来的普遍问题。

（2）规划及房屋管理的政策创新，支持街区功能转型更新

田子坊街区的建筑，大多数产权归属政府，居民或企业有使用与租赁权。从支持新兴的文化创意产业发展及城市历史地区活力的切实需要出发，政府通过创新制定针对该地区的特定规划及房屋管理政策，解决城市保护与更新中到的新问题。包括在产权不变的前提下，通过规划，将居住用地调整为综合用地，允许住房或工厂的使用功能转为商业、办公、文化展示等多种功能的弹性管理。这是在支持街区功能转型方面，给予的更新政策创新。

3. 实施机制方面

实践探索"自下而上"探索与"自上而下"支撑的历史风貌街区更新治理机制。

田子坊保护更新是多元主体参与，包括政府、居民、艺术家、民间组织（包括业主委员会等）、企业、开发商等。田子坊在维持其复杂的产权结构的同时，借助市场机制下的个体行为的累积效应，发挥市场和民间力量，激发田子坊街区自我生长动力；而在各阶段中，政府采用适应性应对机制，通过创新探索城市更新过程中的适应性政策，来应对城市发展与社区活力的多元主体需求，并由政府提供公共设施与公共空间改善等方面的公共政策支持；由此形成了一种"自下

而上"探索与"自上而下"支撑的良性互动的更新治理模式。这种模式促进了区域的自我发展和多样性的融合，保留了其独特的石库门里弄风格的原始风貌，从而形成了自我生长、多元融合的历史风貌街区。

（五）经验总结

1. 容积率转移政策，实现保护与更新结合

在田子坊街坊抢救性保护中，政府通过就近转移容积率政策，成功探索了保护与更新相结合的实践路径。田子坊地块原有的旧改开发增量转移至现在日月光中心地块，在保持历史城区原有规划总量不变的前提下，最终完整保留了田子坊街区整体风貌和街区肌理；同时相邻地块的开发又为历史地区停车设施等各类社会服务设施的不足予以补充，不失为一种实现风貌保护街坊可持续保护与更新的解决方案。

2."自下而上"与"自上而下"相结合的城市更新与治理模式

田子坊的更新通过尊重社会原创力、结合自主发展群体、依靠政府协调，使得建筑功能利用更为多元，地块的功能更为复合，激发街区的自我生长。在其中，政府、居民、艺术家、开发商、入驻商家及一些外部力量，各个参与主体都有各自的利益诉求。里弄街区居民、业委会、艺委会、田子坊管委会等均发挥了很大的作用；同时政府通过公共政策来回应和支撑"市场失灵"部分的公共需求，探索了"自下而上"探索与"自上而下"支撑的历史风貌街区更新模式与治理机制。

3. 政策支持下的自主更新的可实施性与可持续性模式探索

非常值得思考的是，对于历史街坊的风貌整体保护更新，我们往往采用的是整体性物质层面保护做法，即将原有居民全部动迁后，由

政府或开发商进行保护修缮和功能重塑。彻底快速的动迁行为往往会导致街区环境彻底改变，原有的街区文化与居民生活氛围将会快速消失。而田子坊以居民或业主自主更新（自行改变或出租后改变房屋使用功能为特征）的渐进式方式探索了一种新的可能性。有研究显示，田子坊的居民大都将租金收入的1/3用于改善自身居住条件，剩余的租金则作为财产性收入提高了生活水平。也有少部分选择继续居住的居民，也成为街区生活的有机组成。在保持复杂产权的情况下，通过市场规则下个体行为的累积与叠加，所形成的自主、渐进、小微更新的方式，对于整体保护街区的历史建筑与巷弄空间，尤其是历史街区的文化包容性、历史丰富度与功能多元性，具有独特的优势。

田子坊是上海城市更新、街区保护和社区参与的经典案例。虽然田子坊当前面临商业化过度、艺术创意消失殆尽、整体环境品质下降的趋势与困境，但其发展历程中的政策创新与成功经验，甚至是面临的新问题挑战，对上海大量里弄建筑街区的保护更新仍然具有十分重要的启示与借鉴意义。

三、风貌保护道路保护更新实践：徐汇衡复风貌区风貌保护道路

（一）基本概况

上海衡山路—复兴路历史文化风貌区（以下简称衡复风貌区）大部分位于上海市内环内，东至黄陂南路，南至肇嘉浜路，西至华山路，北至延安中路，总面积775.4公顷。包含徐汇、黄浦、静安、长宁4个行政区。

其中，徐汇区部分（兴国路以东，陕西南路以西，淮海中路以南）位于衡复风貌区西南侧，总面积约443.9公顷。是上海市中心城历史建筑和空间类型最丰富、风貌特色最为鲜明显著、人文底蕴最为深厚的部分，也是上海城市历史记忆、文化个性与生活品质的重要体现，现已形成相对完整的风貌保护结构体系。

（二）发展历程

1914年（民国3年），法租界进行了第三次扩张，向西扩展至今肇嘉浜路以北、华山路以东地区，规划范围从此全部位于法租界内。1928年（民国17年），上海市政府将所辖市、乡一律改称为区，设17个行政区，今区境除当时租界部分外，分属沪南区、漕泾区、法华区等。新中国成立后，风貌区内人口迅速增长，房管部门开始了规范化系统化统计、修缮、维护老建筑，同时，文化教育与工商产业得到了进一步的发展。

衡复风貌区经过了20世纪20年代至30年代的建设高潮，逐步发展为上海最富魅力的国际化社区，居住、商业、文化艺术、宗教、教育、医疗等在此发展、演化，并与本土文化相融合。衡复风貌区绝大部分形成于1914年原法租界第三次扩张以后，区内历史人文荟萃，街道尺度适宜，空间环境优美，建筑类型多样，风格各异，包括花园住宅、新式里弄、公寓和公共建筑等。1913年，制定了《上海法租界公董局关于中式建造营造规章》（卷宗号：U38-1255）。本风貌区是上海花园住宅最集中、覆盖面最广的地区之一，建筑吸收了欧美各国住宅、别墅、官邸等建筑的特征和艺术手法，形成了多种类型共融的风格。

（三）问题挑战

1. 街道景观设计编制要素不全面、不精细

首先，街道设计编制中对影响街道空间要素的梳理研究还不够精细与全面。在进行城市街道设计提升时，通常会考虑店招店牌、建筑立面、照明、出入口、人行道板、树池铺装、出入口铺装、非机动车停车铺装、窨井盖等要素，而对街道的色彩、声音等要素则没有被列入考虑的范畴。这是当时街道设计的惯性做法。但是精细化治理要求对街道设计各要素有更为全面的考虑，例如街道中的电表箱、电信箱、牛奶箱、架空线、电话亭、垃圾箱等，这些都是影响街道景观与行人感受的构成要素。

图 2-8　街道景观中被忽视的要求

（REF：自摄）

2. 街道设计方案刚控有余、指导不足，无法应对动态更新

街道设计为了有效地指导设计的实施，规划师往往会在设计方案中给到具有表现力的街道设计效果图，这类设计图对方案的实施具有一定指导意义，但它们缺乏对未来城市动态更新的应对能力。例如，规划师在设计图中对街道店铺现状给出了一定的指导建议，但是在未来，一旦店铺更新、商家更换，这张设计图就不再具有指导作用，因此城市街道需要更具有长远指导性的导则。

另一方面，街道整治设计也往往出现过分重视整齐划一的管理要

求，而没有考虑和结合商家及业主个性化要求，过分统一的店招店牌，使街道风貌失去应有的丰富多元与活力特色。如何处理好整体与局部、协调与多元、刚性管控与柔性引导的关系，确实是街道精细化治理中必须解决的问题。

3. 街道设计的制定与管理部门、实施主体不衔接

街道的城市设计是由建筑、绿化、市政设施等多要素构成的，各要素的管理部门和实施主体各不相同，包括了规划局、建委、房管局、市容环卫局、市政部门等多家主体。一方面，街道规划设计由规划部门编制，但各部门之间往往缺乏沟通和交流，编制完规划后束之高阁。另一方面，实施主体由于专业差异，对城市设计缺乏足够的理解，在实施过程中偏离原来规划的标准与原则，导致制定的城市设计无法对城市管理起到直接的指导作用，无法有效落实城市精细化治理的实施要求。

4. 街道保护更新的实施机制不健全、缺少长期可持续性

街道保护更新的实施机制是街道能够被持续有效管理的保证，然而在对上海各街道进行全方位调研后，我们发现，上海的街道更新实施结果不尽如人意，大体可以归纳为以下两方面问题：

一是重一次建设、轻日常管理。街道的保护更新往往是一次阶段性建设改造工作，缺少对于整治之后如何加强日常管理的考虑，这使得整治后的街道在完成一次整体性整改后，就会由于缺少后续日常的管理，而出现几年之后可能面临再次整治的问题。

二是重问题整治、轻过程引导。街道的治理方案源于问题的出现，规划师通常会基于现状给予针对性的设计方案来提升街道景观，但是往往缺少对商家发生变化或者店面装修等未来变化状况下，对该

街道景观的控制和指导。或者有城市设计导则，却未能及时提供和告知商家，待改造完成后才发现问题。不重视对街道动态变化的过程管控和引导，造成既成事实或者面临再次整改的问题。由此可见，再好的街道设计，缺少长期可持续管理机制的保障，都无法真正指导街道景观。

（四）更新策略

1. 规划目标定位

（1）基于保护要求，明确保护原则，保护与更新相结合

衡复风貌区是上海保护规模最大、历史遗存最多的风貌区，是上海历史风貌保护传承的标志性地区，是海派文化的精髓所在。在保护更新过程中，应该基于街区和街坊以及风貌道路的各类保护要求，通过挖掘历史文化，保护特色风貌；将保护和更新相结合，延续城市文脉，激发文化活力。

基于《上海市历史文化风貌区和优秀历史建筑保护条例》中对风貌保护道路的要求：不得擅自新建、扩建道路，对现有道路进行改建时，应当保持或者恢复其原有的道路格局和景观特征；新建、扩建、改建道路时，不得破坏历史文化风貌。

基于保护规划对风貌道路的保护要求，《上海市衡山路—复兴路历史文化风貌区保护规划》将沿线保护、保留建筑集中，历史文化风貌特色明显，街道尺度适宜（一般未经拓宽），道路绿化良好的道路确定为风貌保护道路；并在此基础上，具体分析各条道路的风貌完整程度、街道尺度和绿化状况，确定了徐汇衡复有 31 条风貌保护道路及其控制要求。风貌保护道路应通过道路宽度、两侧建筑高度及行道树等

的控制保持现状或恢复历史的风貌特色及空间尺度；风貌保护道路的道路红线宽度和道路转弯半径应保持现状或恢复历史上的道路红线宽度和道路转弯半径；根据风貌保护道路空间尺度、道路景观特征以及道路两侧历史建筑保护的需要，一条道路的道路红线宽度允许不同、道路线形允许局部弯曲；对本规划确定的风貌保护道路，严禁拓宽。

表 2-4　徐汇衡复风貌保护道路一览表

序号	路名	起讫点	现状宽度暨规划道路宽度（米）
1-1	复兴中路	陕西南路—宝庆路	18
1-2	复兴中路	宝庆路—淮海中路	18.3
2	复兴西路	淮海中路—华山路	18.3
3	淮海中路	陕西南路—兴国路	24.4
4	衡山路	天平路—桃江路	21.3
5	华山路	兴国路—常熟路	18.3
6	永嘉路	衡山路—陕西南路	15.2
7	长乐路	陕西南路—常熟路	15.2
8	新乐路	富民路—陕西南路	15.2
9	泰安路	华山路—武康路	15.2
10	湖南路	华山路—淮海中路	15.2
11	兴国路	华山路—淮海中路	15.2
12	乌鲁木齐南路	淮海中路—建国西路	15.2
13	东湖路	长乐路—淮海中路	15.2
14	汾阳路	淮海中路—岳阳路	15.2
15	太原路	汾阳路—建国西路	15.2
16	高安路	淮海中路—建国西路	15.2
17	广元路	华山路—衡山路	15.2
18	武康路	淮海中路—华山路	15.2
19	宛平路	淮海中路—衡山路	15.2
20	康平路	华山路—高安路	15.2
21	建国西路	衡山路—陕西南路	15.2
22	岳阳路	桃江路—肇嘉浜路	15.2
23	余庆路	淮海中路—衡山路	15.2

（续表）

序号	路名	起讫点	现状宽度暨规划道路宽度（米）
24	高邮路	复兴西路—湖南路	15.2
25	五原路	武康路—常熟路	15.2
26	延庆路	常熟路—东湖路	15.2
27	永福路	五原路—湖南路	15.2
28	安亭路	建国西路—永嘉路	15.2
29	华亭路	长乐路—淮海中路	15.2
30	桃江路	乌鲁木齐南路—岳阳路	12.2—12.5
31	东平路	乌鲁木齐南路—岳阳路	12.5

（REF：《徐汇衡复风貌区街道设计通则》）

（2）明确风貌保护道路的定位，统筹考虑形态、业态、文态、生态的四态融合

衡复风貌区的目标定位为打造全球城市的衡复样本。打造衡复风貌区成为迈向卓越全球城市的衡复样本、精细治理标杆、美丽街区典范。

通过挖掘历史文化，保护特色风貌；延续城市文脉，激发文化活力；增强综合服务功能，营造有温度的社区；结合社区治理，创新管理机制，实现精细化管理目标，从品质提升和精细治理两方面着手，在国际都市发展坐标中，致力于打造一个迈向卓越全球城市的衡复样本，使之成为"建筑可阅读，街道宜漫步，公园可休憩，市民守文明，城市有温度"的最具海派文化特色的历史风貌街区。

明确衡复风貌道路保护更新的目标定位，在街区品质提升和精细治理的全过程进行品质把控，实践高起点定位、高水平设计、高标准实施、高精细治理的四高标准城市品质控制。高起点定位：风貌区内城市街道的定位立足于衡复风貌区整体规划目标，对标国际最高标准、最好水平，坚定追求卓越的发展取向。高水平设计：以更精细的

设计水平、更精细的设计要求，对街道全要素、分类别建立精细化导则。高标准实施：在保证安全的前提下，突破有关实施规范，以更高标准落实精细设计的内容。高精细治理：以更高超的治理水平、更细致的治理要求，创建全过程、全生命周期的综合治理平台。

明确四态融合的城市更新目标。即：应当提升形态品质、引导生态美化、优化业态内容、营造文态吸引力。坚持城市形态、业态、文态、生态融合发展，既注重速度，更注重品质，才能提升街区的整体品质和独特魅力，使城市发展更有质量、城市文化更具品位、城市特色独具魅力。四态互为支撑、缺一不可，构成街区健康发展有机整体。

2. 保护更新方法方面

（1）整体思维、问题导向：地毯式、多界面、全方位的研究

"地毯式、多界面、全方位"指的是对街道存在的问题进行全覆盖式的梳理排摸，包括空间、交通、功能、建筑保护情况、景观环境、城市家具、设备设施等内容。研究并梳理风貌保护实施情况，提出目前存在的问题和主要难点，明确设计对象的问题清单，制定任务清单。

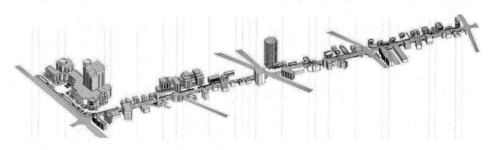

图 2-9　高安路街道空间示意

（REF：《徐汇衡复风貌区街道设计通则》[1]）

---

[1]《徐汇衡复风貌区街道设计通则》由徐汇区政府制定，上海交通大学设计学院城市更新保护创新国际研究中心、上海安墨吉建筑规划设计有限公司编制。

通过影像技术拼合出每条道路的沿街长界面（如图高安路），对界面现有问题进行分类和梳理，得出目前沿街长界面存在的问题负面清单。

（2）精细思维、要素细化：分类型、全要素、更精细的研判

"分类型、全要素"是指将对街道各项要素按照类型划分为七大类38项（后增加至43项），对每一大类和每一小项进行现状整体和局部的研究，并逐一判断控制引导方向，从而有针对性地制定每一类每一项的总体控制原则的分项控制细则。

本通则重点针对街道空间所有相关要素进行设计引导，主要划分为沿街立面、街道平面、城市家具、绿化、灯光、色彩、声音七大类。

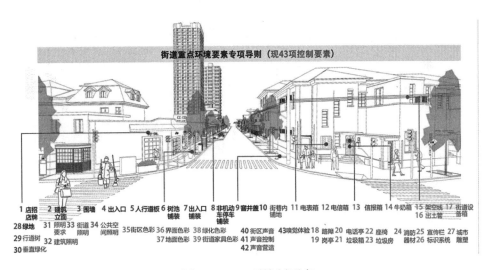

图 2-10　43 项控制要素

（REF：《徐汇衡复风貌区街道设计通则》）

（3）系统思维、递进引导：整街坊、分街道、到建筑的递进式设计

从宏观、中观、微观三个层面分别展开，在前期形成具有指导作

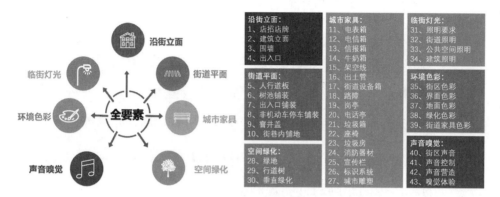

图 2-11　街道控制要素

（REF：《徐汇衡复风貌区街道设计通则》）

7大类	43项		主要责任单位	相关协调单位
沿街立面	1、店招店牌		绿容局	街道、城管
	2、建筑立面	外墙	房管局、绿容局	规划资源局、街道
		门窗		
		雨蓬		
		空调外机		
	3、围墙		绿容局	街道
	4、出入口	铁门	街道	—
		顶蓬		
街道平面	5、人行道板		建管委	规划资源局
	6、树池铺装		建管委、绿容局	街道
	7、出入口铺装		建管委	街道
	8、非机动车停车铺装		建管委	街道
	9、窨井盖		建管委	街道
	10、街巷内铺地		建管委、街道	—
城市家具	11、电表箱		电力部门	街道
	12、电信箱		电信部门	
	13、信报箱		街道	—
	14、牛奶箱			
	15、架空线		建管委	规划资源局、电力部门、电信部门
	16、出土管		建管委	街道
	17、街道设备箱		电力、电信部门、建管委	绿容局
	18、路障		建管委	街道
	19、岗亭		建管委	街道
	20、电话亭		电信部门	街道
	21、垃圾箱		绿容局	街道
	22、座椅		建管委	街道
	23、垃圾房		绿容局	街道
	24、消防器材		消防部门	街道
	25、宣传栏		区宣传部	街道
	26、标识系统		建管委、绿容局、文旅局	房管局、街道
	27、城市雕塑		规划资源局	建管委、绿容局

7大类	43项	主要责任单位	相关协调单位
空间绿化	28、绿地	绿容局	—
	29、行道树		
	30、垂直绿化		
临街灯光	31、照明要求	规划资源局、灯光所	—
	32、道路照明	建管委、灯光所	—
	33、公共空间照明	灯光所	—
	34、建筑照明	房管局	—
环境色彩	35、街区色彩	规划资源局	建管委、房管局、绿容局、灯光所、市场局
	36、界面色彩	房管局、绿容局	街道
	37、地面色彩	建管委	街道
	38、绿化色彩	绿容局	街道
	39、街道家具色彩	建管委、绿容局、电力部门、电信部门	街道
声音嗅觉	40、街区声音	生态环境局	城管执法队、市场监督局、街道
	41、声音控制	生态环境局	城管执法队、市场监督局、街道
	42、声音营造	生态环境局	城管执法队、市场监督局、街道
	43、嗅觉体验	生态环境局	城管执法队、市场监督局、街道

图 2-12　街道要素及责任单位

（REF：《徐汇衡复风貌区街道设计通则》）

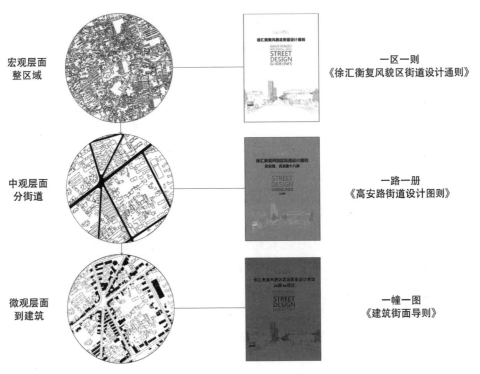

宏观层面
整区域

中观层面
分街道

微观层面
到建筑

一区一则
《徐汇衡复风貌区街道设计通则》

一路一册
《高安路街道设计图则》

一幢一图
《建筑街面导则》

图 2-13　整区域、分街道到建筑的导引

（REF:《徐汇衡复风貌区街道设计通则》）

用的"一区一则""一路一册""一幢一图"的基础上，开展一路一方案设计，为街区品质提升和精细治理提供标准和指导方法。

宏观层面：在考虑街道治理时，应当先从街道所在区域开始系统性思考，把整个区域作为一个研究对象，制定"街道设计通则"，这样区域中的所有街道就会有一个共同性的指导原则。强调对衡复风貌区街区整体的引导控制，通过多界面、全方位的现状调研，将街区要素细化到立面、平面、绿化、城市家具、色彩、灯光、声音七大类43 项，逐项进行问题排摸、设计，并形成导则。

中观层面：在"一区一则"的基础上，再根据区域内各风貌道路的特征，通过对街道的特点进行全面的分析和了解，分街道制定"一路一册"街道导则。强调对风貌区内风貌保护道路的引导控制。延续总体层面"一区一则"的整体框架要求，结合各风貌保护道路的历史、空间特征，制定可支撑工程实施的街道设计图则，以更详尽更具体的方式引导风貌保护道路的建设更新。

微观层面：通过进一步的调研分析，对街道沿街建筑按照类型进行划分，通过精细化治理工作，对城市街道各要素进行研判，同时结合"一网统管"的网格化管理平台，在建筑层面上制定"一幢一图"建筑街面导则。该导则强调对风貌保护道路沿街界面逐栋建筑的控制，对逐栋建筑、各沿街公共空间节点以图则、长效管控导则的方式进行引导控制，可作为城市更新后期精细化长效管控的指导依据。[1]

3. 实施机制

街道精细化治理亟须可持续的实施机制保障。以往虽有设计方案，但缺乏相应的机制管控，导致即便完成了从街道到街坊再到建筑的导则，仍难以应对街道持续更新和变化的需求。因此，为确保治理措施的长效性与可持续性，建立健全街道精细化治理的实施平台至关重要。

（1）高标准实施

强化组织保障。加强部门协同配合，建设主体与治理主体之间、公共区域不同要素治理主体之间协同配合，确保实施质量。强化专业

---

[1] 王林、薛鸣华：《基于精细化治理的街道城市设计以上海徐汇衡山路—复兴路历史文化风貌区为例》，《时代建筑》2021年第1期。

支撑。加强设计指导，社区规划师团队全过程参与、全流程把关，强化设计与施工的配合衔接，确保施工严格按照设计标准落实，打磨精品工程。强化队伍保障。强化专业队伍的打造，锻炼出一支施工标准高、工艺要求精、体现风貌区水平的铁军。本次高安路样板段的施工，由徐房集团牵头。结合由徐房集团编撰的《衡复风貌区发展管理标准》，不断提升专业实施水准。针对常态治理工作，各主管部门配备素质过硬、结构优化、分布合理的管理队伍。

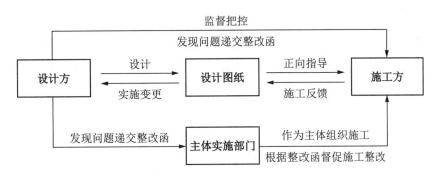

图 2-14　设计与施工方配合方法

（REF：《徐汇衡复风貌区街道设计通则》）

（2）专业思维：依托专业化力量、刚性管控与柔性引导结合

专业化力量包括社区规划师制度和专业化设计团队的保障。首先，实施平台内部需要专业的城市设计团队。对于街道来说，整体的城市设计需要有建筑、规划、景观综合设计能力的城市设计团队参与研究与设计，进行兼顾整体与细部的精细化设计，他们的参与能够确保设计团队的专业化。

同时，需要制定社区规划师制度。设计规划师包括了建筑师、设计师、规划师，规划师制度则是对他们在专业上的把控。在设计导则完成之后是城市的动态管理，这就需要规划师的协调力量，担负专业控制、总体把控等职责。他们的职责与作用可以分为两个方面。当我们在做管理的过程中，设计师无法与店铺店主直接衔接，因为店主往往缺乏判断能力，这时就需要交由规划师来判断这个设计是否符合设计导向。有一些设计可能不符合设计导向，但它们未见得不好，就可以由规划师提交规划委员会来解决。所以规划师制度不仅仅是规划师对于设计的判断，它还是一个系统性的判断，有利于充分发挥专家设计师在街区规划、精细设计等方面的作用，并对街区整治起到综合统筹协调的作用。

精细化街道城市设计作为设计导则，建立负面清单和鼓励清单，既能起到规范刚性管控的作用，也能给予柔性引导。而规划师制度能担负专业控制、总体把控等职责，发挥好专家设计师在街区规划、精细设计等方面的作用。比如，设计师在设计过程中往往会出现突破性的想法，这一想法是否符合要求就可以交由规划师来判断，规划师通过专业评估，来进一步协调如何更好地维持遵循原则和自由裁量之间的关系。因此，规划师可以通过其自身专业能力提供技术引导，搭建专业实施平台，实行柔性管理，避免一刀切、过于统一的状况出现。

（3）治理思维：多方共治、社会参与、过程管理

治理思维在街道精细化城市设计实施过程中至关重要，需要引导多元主体参与城市治理互动，从单项政府管理转向多元主体共治。同时，组建风貌街区治理共同体，由设计院、社区规划师作为专业支撑，邀请社会多方主体参与，组织风貌区内城市治理工作的定期定项讨论，总结风貌提升和城市治理结合的优秀案例。

图 2-15 精细化道路城市设计主体

（REF:《徐汇衡复风貌区街道设计通则》）

以街道精细化治理为导向的设计的实施，需要遵循"同一规划、统一实施、协同管理、共同治理"的"四同"机制，即在同一个街道城市设计的指导之下，当街道需要整治的时候，能够协同各个部门相互协作、统一实施，并在日常管理中分工协作，与居民在共同治理下完成。例如在街道设计实施中，规划是由规划部门组织编制的，店招店牌由市容环卫局负责，房屋整修由房管部门来负责，街道铺地的实施是建委负责，可见一个街道的景观整治工作涉及多部门，其协同难度非常之大。本次街道整治以后，若店招店牌还需要修改，就能够依据已给出的相关导则来操作，同时街道居民也能依据导则一同监督。

（4）智慧思维：智能化管理、长效管控动态、提升治理效能

科技赋能是街区治理的重要支撑，尤其是在运行维护阶段，要依托城市运行"一网统管"平台，对街区治理问题做到智能发现、智能处置，完善问题处置的闭环流程，提升治理的效能。

在智慧化管理中，将精细化街道设计也纳入上海的一网统管制度平台。在一网统管的平台上，将系统展示街道设计全要素及设计意

向，结合数据管理平台，管理人员授权后，就能看到与社区相关所有的规划方案。未来，如果某街道发生了与规划不符的变化，社区管理人员可以运用"一网统管"平台及时发现问题并提出。

例如，因店面商家更换，需要改变其店招店牌，就需要在工商局进行注册调整，而后工商局会再通知街道的管理部门，最后再审核并

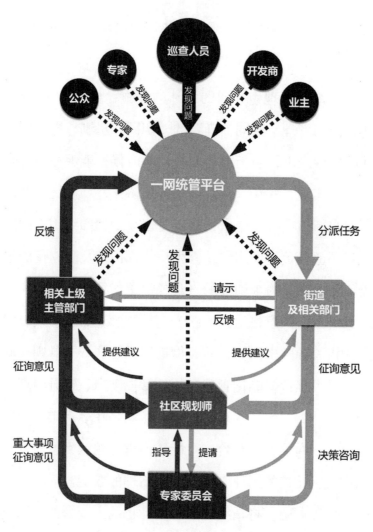

图 2-16　精细化治理流程

（REF：《徐汇衡复风貌区街道设计通则》）

通知商家这一整改是否符合要求。如果此时店面已经装修好了，就需要拆除重新整改，这种管理就非常滞后，成本代价也非常大。而现在，基于智慧管理，店面商家主一旦发生变动，工商局就能够及时从数据平台上调出该建筑的店招店牌设计导则，并给到新一任商家，让其在第一时间了解到该区域、该建筑店招店牌的要求，若他有其他想法或方案，可以再向有关部门申请。这个程序会明确提供给所有入驻商家，完成店面方案后在网上提交，规划师在网上进行审核确认并且尽快回复商家，如果有问题再提出相关整改意见。这是在理想状态下的一种智能管控。假如店家对店招店牌不满意，对其做了修改，后被发现不符合要求，管理人员可以通过网上平台立刻通知商家，及时整改。这个过程是希望通过智能化管理，提高治理的效率，避免出现整治完后再整治的问题。[1]

（五）经验总结

通过衡复风貌区风貌保护道路成功实践，我们总结风貌保护道路的保护与更新需要：

保护更新方法方面，保护与更新相结合，延续街区历史风貌。制定风貌保护道路保护规划，确定具体规划设计要求；挖掘道路文化，确定风貌保护道路保护要求；控制风貌保护道路的道路宽度、两侧建筑高度及行道树等，保持或恢复历史的风貌特色道路景观特征及空间尺度等。

---

[1]　王林、薛鸣华：《基于精细化治理的街道城市设计——以上海徐汇衡山路—复兴路历史文化风貌区为例》，《时代建筑》2021 年第 1 期。

规划设计方面，统筹考虑形态、业态、文态、生态的四态融合，提升形态品质、引导生态美化、优化业态内容、营造文态吸引力，提升风貌保护道路的整体品质和独特魅力。要针对各个要素，研判其更新要素现状，为各个更新要素制定符合风貌保护道路整体风貌特色和空间格局的控制导则并制定细部的细则。针对每条风貌保护街道，通过制定"一路一册"进一步明确具体设计图则，细化街道更新的各项要求。为街道的保护与更新提供了操作性强的规划指引，确保各类更新措施与街道历史风貌相契合，实现保护与更新平衡。

实施机制方面，要有专业思维、治理思维、智慧思维。一是专业思维：依托专业化力量、积极发挥社区规划师的作用，邀请多方专家监督，刚性管控与柔性引导结合。二是治理思维：多方共治、社会参与、过程管理。遵循"同一规划、统一实施、协同管理、共同治理"的"四同"机制。三是智慧思维：结合"一网统管"的网格化管理平台，智能化管理、长效管控动态、提升治理效能，最终形成长效的管理机制。

第四节 历史风貌保护更新策略总结

通过总结提炼历史风貌保护更新中历史文化风貌区和风貌保护街坊、风貌保护道路（街巷）和风貌保护河道、保护建筑和保留历史建筑，共六种类型的保护更新实践优秀经验，下面将从保护更新方法、保护更新政策、技术法规、实施机制等方面提出策略和建议。

一、保护更新方法方面

挖掘街区历史文脉，进行详尽的现状调研与评估。在保护更新过程中应挖掘当地的历史文脉、集体记忆等，最大限度地保留和延续历史文化风貌和历史场所记忆。做好详细的甄别考察评估工作，为保护更新工作打下坚实的基础。

整体规划，明确定位。在详细的历史调查、现状调研等研究基础上，基于保护更新需求编制详细规划，明确发展定位，整体梳理，系统保护，确定保护和更新的方案及规划实施的过程。

坚持保护与更新、保留与新建有机结合的原则。针对历史文化风貌区和风貌保护街坊，坚定地走保护与更新相结合的道路。同时应保护代表上海历史文化名城特色的重要历史街区的空间格局、街巷尺度、文物古迹和历史建筑等历史文化构成要素，延续城市历史文化环境，保护该历史文化风貌区的历史风貌。在风貌保护街坊保护更新中发现，其中一些建筑的风貌和质量都达不到风貌区的保护标准，其面临的民生问题和开发困境也更加严峻，所以建议在风貌保护街坊中，也不应该简单地全面保留，而是要通过风貌价值评估来判断需保留的部分与需拆除的部分。坚持保留与新建相结合的有机模式，通过协调新老建筑、置换地块功能，推动城市的有机生长。在原有的保护规划上进行适应性调整时，对于因定位需求而新建的建筑，应考虑协调整体风貌，延续原有肌理。在满足当代生活需求的同时，实现保护与更新、保留与新建的有机平衡。

针对风貌保护道路和河道，应控制道路和河道的宽度、两侧建筑高度及行道树等，保持或恢复历史的风貌特色景观特征及空间尺度等。通过详细的调研，确定保护要素，制定相应的保护控制导则及细则。

针对保护、保留历史建筑，建议根据不同的保护类别，建筑现状条件，按照整体规划要求、功能需求，确定保护、保留历史建筑的功能定位，采用多元化的保护更新方式，对建筑做具体的更新设计方案，更好地活化利用。

二、保护更新政策方面

复合城市功能，统筹考虑形态、业态、文态、生态的四态融合。城市更新要求历史风貌街坊地块功能发生改变，从原本单一、品质低下的用地功能转变为多功能、复合型的高品质街区。因而，历史风貌区进行更新改造时，应功能复合、高度兼容，将单一功能转换为复合功能，统筹考虑形态、业态、文态、生态的四态融合，提升形态品质、引导生态美化、优化业态内容、营造文态吸引力，提升街区的整体品质和独特魅力，重塑地区精神，激发场所的活力，实现综合效益。

制定相关要求。在规划红线、建筑高度、道路退界等技术指标限制时可进行适当的灵活调整。

历史风貌街坊中不必采用通常的技术标准，"因地施策"，以城市设计和详细规划作为法定依据。历史风貌街坊中，里弄建筑的特点与现行的技术规定有较大差别，要想保留原有空间格局、街巷尺度，往往很难用统一的技术标准来进行规定。因此建议通过城市设计研究，进行详细规划编制，切实落实"一地块一方案、一事一议"的上海旧区改造要求，并通过批准项目建设阶段的详细规划来保证更新项目的合法落地。建议学习借鉴黄浦区思南公馆和外滩源保护更新等试点项目十多年来的实践和探索经验。

明确容积率奖励政策。对于风貌区内，采用"风貌保护、风貌保持、风貌传承"方式建设的建筑面积，给予不计容积率的鼓励政策；对于不计容的建筑，既可公益性使用，也可用于符合城市功能和地区需求的非公益性功能。具体来说，风貌区的保护更新项目，启动资金高、成本大、资金回收难度大，在规划、设计、施工等建造方面都带来更复杂和更高的要求，在投资收益方面存在一定风险，制约了地块开发的可能性和更新的积极性。对于城市来说，风貌保护本身就具有充分的公益性，所以对于历史风貌街坊的保护保留量都应给予不计容奖励，而不需要强制保留历史建筑必须用作公共文化设施。

鼓励容积率就地（或就近）转移。建议风貌区中鼓励容积率就地或就近转移，这有利于规划土地政策的推动与实际操作，更重要的是可以促进城市文化、社会与经济的整体可持续发展与多元共赢。具体来说，一是由同一街坊或紧邻地块进行风貌保护与改造更新，可以很好地平衡和降低单独保护和运营风貌建筑带来的高成本和高难度；二是在修缮之后，保护保留建筑的文化和社会价值将带来自身和周边经济价值的提升，该部分溢出效益可以为同一地块内的新建部分所得，通过新建项目的经济收益增长，可以反哺保护保留部分的投入与运行，促进保留建筑的活化利用，达到最高的整体效益，实现政府、开发商和社会的多赢。这一形式已有成功探索，如黄浦区新天地、静安区张园地区、苏河湾上海总商会街坊等保护与更新项目。

三、技术法规方面

建议对现行技术规定进行创新突破。历史风貌街坊中，里弄建筑的尺度、格局及肌理与现行的技术规定有较大差别，要想保留原有空间格局、街巷尺度，就必须提出适用于历史风貌街坊的规划技术规定。对于地块中新建项目，对于建筑间距、消防间距、抗震等技术法规的限制，可以通过具有针对性的修建性详细规划来保证具体落实。

应当创新性地制定或修订建设、交通、绿化、消防、规划、土地等多方面的技术法规。突破瓶颈，迅速优化中心城区、老旧城区在城市更新过程中关于"建筑与土地功能的多元复合与转换""新建住宅的间距、采光、通风""绿化、抗震、消防"等方面的规定，给城市有机更新的落实提供技术与法规的支撑。

四、实施机制方面

坚持政府支持、企业运营、社会参与。政府可以发布相应的控规调整文件，加强历史风貌的保护，为接下来的城市更新项目提供新的方向及更多可能性，企业参与运营，社会多方参与。可以引入社会资本进行多方共建共享，包括政府、学术机构、社会组织、居民及房地产企业，利用土地的混合发展模式，提高土地使用效能。

管理运营主体多元化。建议在历史风貌街区保护更新过程中建立多元合作伙伴关系，政府部门、企业和社区居民等发挥各个参与主体的优势和经验，有效地整合各方资源，充分发挥市场机制作用；社区居民积极参与城市保护更新，构建政府、公众、开发商、企业、专家学者等诸多主体的协商平台，达成普遍共识与多方共赢。

资金来源多样化。建议建立多元的投融资机制，发挥市场作用，调动多方主体参与，拓宽保护更新资金的融资渠道，比如历史风貌街区保护更新财政专项资金、街区产权持有者自行筹措资金、民间资本、联合资本等。但在规范民间资本投入、社区资本的有效运用及政府资金的使用效率等方面，还需要有具体翔实的规范性文件，提高融资机制的可操作性。根据不同类型的保护更新项目，合理选择开发主体与资金来源。

公众参与深化。首先要鼓励社区、居民及非政府组织在城市保护更新中发挥作用，将公众参与贯彻到保护更新的全过程，包括项目立项、编制规划、城市设计、动拆迁安置、实施建设等一系列政策制定及后续管理等，形成多方互动、上下结合的管理模式。同时，落实好"事前征询制度"，在项目实施阶段，也鼓励公众参与并发挥其重要作用，优化规划方案，完善拆迁补偿与安置方案，思考土地收益分配方案等。同时，在城市更新过程中，建议引入娱乐、秀场、剧场、零售、创意、产业等多元特色业态活动，加大宣传，吸引公众参与其中，激发场所活力。

要建立具有专业思维、治理思维、智慧思维的长效管理机制。在更新实施过程中要：一是专业思维，依托专业化力量，积极发挥社区规划师的作用，邀请多方专家监督，刚性管控与柔性引导结合。二是治理思维：多方共治，社会参与，过程管理。遵循"同一规划、统一实施、协同管理、共同治理"的"四同"机制。三是智慧思维：结合"一网统管"的网格化管理平台，智能化管理、长效管控动态、提升治理效能，最终形成长效的管理机制。

第三章
住区更新类型与策略研究

　　本章深入剖析住区更新类型，划分为六中类、十四小类；选取永嘉新村、杨浦长白 228 街坊、红旗村为代表性案例，总结提炼每一类型的更新策略；从更新的方法、政策、机制等方面，提出不同更新类型的策略和建议。

第一节　住区更新类型

　　在上海城市更新的背景下，住区更新的关注重点转换为提升居民生活品质、优化城市空间结构、改善居住环境。根据现行上海市房屋建筑分类标准，确定上海市住区更新的类型可归纳为：里弄住宅、花园住宅、公寓住宅、工人新村（含职工住宅）、商品住宅、城中村，共六种类型。

一、住区更新类型

（一）里弄住宅

里弄住宅，是一种具有浓厚地方特色的住宅形式，主要出现在中国以上海为代表的一些开埠城市。其定义是由一系列石库门建筑组成的住宅形式。这些建筑通常采用砖木结构，具有江南民居的特色，是城市历史文化遗产的重要组成部分。里弄住宅反映了本土住宅为适应近代城市生活而出现的转型现象，是中国近现代城市住宅史上的重要篇章。

里弄住宅的类型包括旧式里弄和新式里弄。其主要区别包括建成年代、布局结构、独立卫生间等。旧式石库门式里弄住宅基本位于黄浦江西岸与西藏路之间，南至上海老城区，北至苏州河，即1846年英租界内。之后，新式石库门住宅逐渐兴起，建造区域逐渐向北、西、南三个方向扩展。1920年，新式石库门住宅大规模兴建，大多

图 3-1　上海住宅更新的类型

集中在南部的同孚路（今石门一路）、大沽路及新闸路的西北方向，1929 年后，里弄住宅的规模扩大化，基本为一整个街区的大型住宅区，在租界区东部、黄浦江西岸广泛分布，后向西扩张，黄浦区西部加之静安、徐汇、长宁三区，为新式里弄住宅的分布区域，新式里弄住宅的规模大小相间，拼图式融合在城市肌理中；花园式里弄住宅和公寓式里弄住宅建造数量很少，主要位于静安、徐汇、长宁区，里弄住宅以原英租界与老城区为发展起点，逐渐自西向东扩张。由此形成老式石库门里弄住宅、新式石库门里弄住宅、新式里弄住宅、花园式里弄住宅、公寓式里弄住宅的发展顺序。

（二）花园住宅

花园住宅一般为四面或三面临空，是装修精致，备有客厅、餐室等结构较好的独立或连体式、别墅式住宅，有数套卫生间，一般附有较大的花园空地或附属建筑，如汽车间、门房等。花园住宅在上海分布较广，是区别于里弄住宅、公寓住宅的一种住宅形式。

花园住宅类型包括独立式花园住宅、联立式花园住宅、别墅式花园住宅。独立式花园住宅占地面积较小，居住者多为中产阶级，上海近代独立式花园住宅从 19 世纪末发展至今，在一百多年内其住宅建筑及其庭院的风格、造型均发展出了多种形式。

联立式花园住宅由三个或三个以上的单元住宅组成，一排二至四层联结在一起，每几个单元共用外墙，有统一的平面设计和独立的门户。如五原路 289 弄 3 号的英国传统风格联立式花园住宅，建于 1933 年，具有典型的英国半露木架传统住宅特征。

别墅式花园住宅一般占地广阔，其购买者往往具备较雄厚的经济实力。独立式住宅具备显著的特征，即各住宅间距较大，住宅周围一般有由围墙或绿篱围隔面积或大或小的花园，由此形成了独立的私人空间，使得住宅与外界之间干扰较少。

（三）公寓住宅

公寓，作为一种商业或地产投资中的居住形式，通常指的是位于多层或高层建筑中的住宅单元。每个单元都是独立的居住空间，拥有各自的入口，并且与其他单元共享建筑的公共区域，如大厅、电梯、楼梯和停车场等。公寓的产权形式多为分层产权，即业主拥有自己住宅单元的产权，但不拥有建筑物的土地所有权。具体包含的类型有：里弄公寓、多层公寓、高层公寓。

里弄公寓是花园式里弄住宅的改进型，其特点在于保留了里弄住宅的传统韵味，同时融入了现代居住理念。这类住宅通常位于城市中心或历史风貌保护区，具有较高的历史和文化价值。里弄公寓的居室面积一般不大，但布局紧凑，功能齐全，包括起居室、卧室、浴室、厨房等单元。早期的公寓住宅在建筑外观上以西洋风格为主：如西班牙风格、装饰艺术风格，平面布局融合了江南天井形式。

多层公寓通常指的是层数在 3 至 6 层之间的住宅建筑。这类公寓在设计和建造上注重实用性和经济性，同时提供一定的居住舒适度和便利性。多层公寓的户型多样，可以满足不同家庭结构和生活方式的需求。此外，多层公寓一般配备有电梯或楼梯等垂直交通设施，方便居民出行。设计推崇现代主义风格，平面布置丰富，有"一"字形、"凹"字形、"H"字形等多种模式。普遍采用钢筋混凝土体系，有当时先进的建筑设备和设施：如电梯、热水汀、壁炉、照明、炉灶等。

建筑结构牢固，空间划分宜居，建筑立面优美，具有一定的生活配套设施。

高层公寓指的是层数在 10 层及以上的住宅建筑。这类公寓通常具有较高的建筑品质和居住舒适度，同时配备了先进的电梯系统、安防系统等现代化设施。高层公寓的户型设计更加灵活多样，可以满足不同人群的居住需求。

（四）工人新村

在新中国成立的初期，毛泽东同志提出"必须有计划地建筑新房，修理旧房，满足人民需要"的政策，由政府统一规划、设计、注资、修建、分配、施工、管理的工人新村应运而生。一方面，它缓解了当时的住房压力，另一方面，这是无产阶级政党满足"工人阶级当家作主"的政治任务，是一种自上而下的社会主义城市实践。毛泽东提出"新村"的概念，并以其建造工人阶级的住房，意图建立脑力和体力劳动相结合，家庭、学校、社会连接为一体的"新村"。这不仅是一种居住的空间，同时也是一种社会主义改造的实验。具体包含的类型有：低层工人新村和多层工人新村。

低层工人新村指的是建筑层数较少，通常为 2 至 3 层的住宅区。这类新村的建设主要集中在新中国成立初期，受当时经济条件和技术水平的限制，建筑高度普遍较低。低层工人新村的设计初衷是为了解决大量工人的基本居住问题，因此在建筑风格和布局上可能较为简单，但注重实用性和功能性。上海于 1951 年提出：保留并扩建原有的沪东、西、南三大工业区，新建的工人住宅的布局方向应当集中地安排在靠近这三大工业区的五角场（沪东）、市西北（沪西）、市西南（沪南）地区内。"服务于工业区"成为影响新村选址的决定性原则。这个阶段上海建设的"两万户""1002户"多为低层工人新村。20世纪50年代初期，首先在普陀工业区兴建第一个工人新村：曹杨新村，后计划在沪东、沪西工业区附近新建工人住宅。编制了沪西曹杨、宜川、甘泉新村和沪东的鞍山、控江等新村规划。20世纪50年代后期至60年代后期，为配合卫星城镇的建立，住宅规划重点转向近郊区，代表性住区规划有闵行一条街、东风新村、彭浦新村、天山新村等。

多层工人新村则是指建筑层数较多，通常为4至8层甚至更高的住宅区。随着城市化进程的加快和住房需求的增加，多层工人新村逐渐成为主要的住宅形式。这类新村在设计和建设上更加注重居住环境的舒适性和便利性，配备了更加完善的公共设施和服务。比如在20世纪80年代，知识青年返沪，城市人才迅速增长，住宅紧缺，居住区建设规模迅速扩大，编制了曲阳新村、康健新村、中原居住区、古北新区等。[1]

（五）商品住宅

商品住宅是指房地产开发企业（单位）建设并出售、出租给使用者，仅供居住用的房屋。这类住宅是房地产市场的重要组成部分，满足了不同人群的居住需求。按照其建造的楼层数和高度不同予以划

[1]　何丹、朱小平：《石库门里弄和工人新村的日常生活空间比较研究》，《世界地理研究》2012年21卷第2期。

分，具体包含的类型有：多层住区和高层住区。

20 世纪 90 年代至 1997 年，房型设计简单落后，或者参照香港住宅房型设计，由此上海市中心出现了许多塔楼住宅（点式住宅）。空间布局、面积控制、朝向、通风、采光被忽视。

1997 年至今，由于 1995 年后上海商品房市场进入低谷，住宅开发逐渐进入了相对规范的阶段，市场需求开始得到重视，房型设计尤其注重房型功能，出现了蝶式房型和板式房型。

（六）城中村

城中村，从狭义上说，是指农村村落在城市化进程中，由于全部或大部分耕地被征用，农民转为居民后仍在原村落居住而演变成的居民区，亦称为"都市里的村庄"。从广义上说，它指的是在城市高速发展的进程中，滞后于时代发展步伐、游离于现代城市管理之外、生活水平低下的居民区。城中村是我国城市化（城镇化）进程中出现的一种特殊的社会现象，其存在的诸多问题，已经成为制约城市化进程和城市可持续和谐发展的主要瓶颈。具体包含的类型有：自然村落演变、搭房建棚形成。

自然村落演变形成的城中村：主要是指原本位于城市边缘或城市近郊的农村，在城市化进程中逐渐被城市扩张所包围，但其内部结构和居民生活方式仍保留着浓厚的农村特色。这些村庄在城市化进程中，由于地理位置的特殊性，往往成为城市中的"孤岛"，形成了独特的城中村现象。

搭房建棚形成的城中村：主要是指在城市中由于历史遗留问题或外来人口聚集等原因，居民自行搭建的简易房屋和棚户区。这些房屋往往缺乏统一规划和管理，建筑结构简陋，居住环境较差。这类城中村的形成往往与城市化进程中的快速人口流动和住房需求增加有关。

20世纪80年代以来，在深圳、珠海等东南沿海地区及上海、江浙等长江三角洲地区，城市化以令人惊叹的速度快速扩展，城市发展迎来了前所未有的机遇。城中村处于社会转型的节点，作为一种过渡型的"亦城亦村"共同体，一般是指被城市包围的农村，即城市地区的农村村落或农村形态的区域。

从区划上，城中村是已经被纳入城市范围的地区；从社会属性上，其建筑形态、管理模式、经济结构、生活方式等方面，仍保留着浓厚的乡村特征。

目前国内的城中村，根据土地权属和户籍性质区分，大致可以分为以下几种类型：一是早已没有农民集体财产和宅基地，撤销村建制，改成街道办事处或居委会，由城镇管理，这是城中村中发展最为成熟的一种形态。二是原自然村除宅基地以外的土地已被征用，变成城市建设用地，农民全部转为城市户口。三是还有部分耕地和农业经济，不少人是农村户口，实行原初的村建制。[1]

二、住区更新体系

基于住区更新的类型，将上海住区更新细分为六中类、十四小类。

---

[1] 季波儿、周文：《"城中村"：城市化中的阶段特征与破解理性——以上海浦东新区高桥镇西浜头为例》，《上海城市管理》2013年22卷第4期。

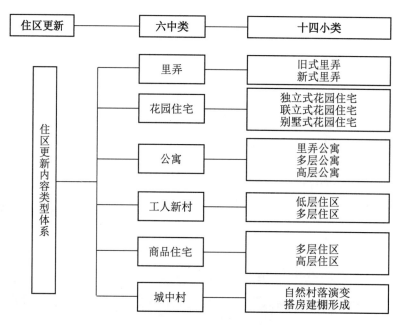

图 3-2　住区更新的类型体系图

第二节　住区更新存在问题

住区更新存在的问题挑战聚焦于建筑更新、住区环境更新、更新政策、实施机制等四方面，具体如下：

建筑更新方面存在以下两点问题：一是建筑类型较多，不同住宅类型的更新需求不同，存在部分缺少基础配套，如马桶、厨卫，需要加装电梯、缺少适老化设计等问题。二是建成住区随时代发展不能满足现代居民需要，更新需求较多，更新进度落后于居民需求。

住区环境方面存在以下三点问题：一是建成住区随时代发展，存在公共空间缺乏、环境品质下降、基础设施老化、适老化配套不足等问题，不能满足现在居民的生活需要。二是建成住区面积有限，更新需求与基础条件存在冲突。三是老旧住区建成年代较久，立面老化、脱落，居民私搭乱建等现象影响城市风貌。

更新政策方面存在以下两点问题：一是老旧住区产权复杂，更新方案难推进。二是需要新增的配套设施、公共空间等，缺少规划及技术法规支持。

实施机制方面存在以下三点问题：一是维护、修缮、更新改造成本高，缺少金融支持机制。二是项目政府、实施主体、居民三方协调困难。三是项目实施推进上"周期长，推进不顺畅"。

第三节　住区更新实践

对住区更新的六种类型分别进行具体细分后，找出存在的问题，研究以下案例的优秀更新治理策略并进行经验总结，从建筑更新方面、住区环境方面、更新政策方面、实施机制方面提出相关的政策建议。

在案例选取方面，研究依据不同类型的更新主题，综合研判：在里弄住宅类别中选取了西成里、永嘉新村案例；在花园住宅类别中选取了思南公馆案例；在公寓住宅类别中选取了武康大楼案例；在工人新村类别中选取了曹杨新村、杨浦长白228街坊案例；在商品住宅类别中选取了鞍山新村、新加坡大巴窑、日本石澄住宅案例；在城中村类别中选取了红旗村、深圳水围村、浦东新区高桥镇西浜头案例。

下文将选取里弄住宅类别的永嘉新村、工人新村类别的杨浦长白

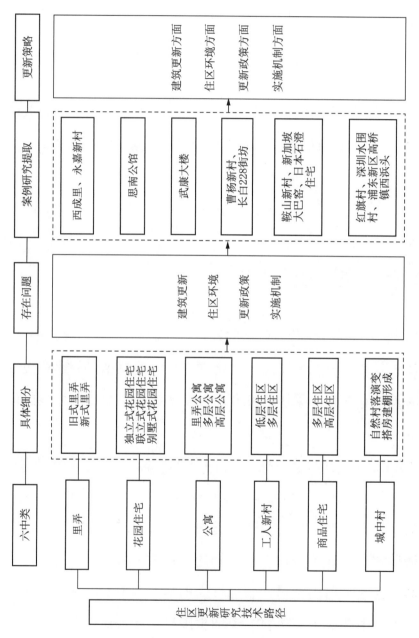

图 3-3　住区更新治理策略研究的技术路径

228 街坊、城中村类别的红旗村为代表性案例，从基本概况、发展历程、问题挑战、更新策略、经验总结五方面展开具体阐述。

一、里弄住宅更新实践：永嘉新村

（一）基本概况

永嘉新村位于徐汇区永嘉路 580 弄。始建于 1946 年并于 1947 年完工，砖混结构、建筑多为二层、三层，建筑面积 19402 平方米，是抗战胜利后建成的一个较大的住宅区，在当时由交通银行建设，作为其高级员工的职工宿舍。永嘉新村是上海市优秀历史建筑新式里弄典型代表，总体布局沿用了石库门里弄的空间组织方式，采取总弄与支弄相结合的方法，根据基地的地理位置、周围环境及形状、大小等因素统筹规划，合理布局，属于新式里弄住宅。

永嘉新村是典型的现代派风格，现代派风格重视建筑的功能，强调建筑的合理性、经济性，反对建筑的附加装饰，并主张采用工业化生产来解决社会对大量性建筑的需求。作为公寓式里弄的代表，永嘉新村单元建筑面积标准比起三十年代的花园式里弄有所降低，功能主义倾向明显，形象简洁。从建筑形式和总体环境上看，它具有独立式花园住宅的一些特征，同时，在一些建筑局部上，如建筑的山墙面和单元口门头等处，也仍然保留着一些中西建筑结合的特点。

（二）发展历程

1947—1949 年，永嘉新村的产权属于交通银行，是为高级员工建造的职工宿舍。上海解放后，产权归上海市人民政府所有，后约45%的房屋变为售后房，产权改为私人产权。永嘉新村有着非常丰厚的人文历史，田汉、罗玉君、唐蕴玉等名人曾在这里居住过。

90年代初，永嘉新村580弄1—70号、75—76号最后一次大修。1998年，永嘉新村580弄71—74号、77—102号最后一次大修。2016年，徐汇区房管局牵头，对永嘉新村进行整体保护修缮工作。内部重点保护空间格局，以及楼梯间、木门窗、水磨石地坪、天花线脚等特色装饰，外部重点保护建筑外立面及里弄整体空间环境。

（三）问题挑战

建筑本体及其附属设施方面：屋面晒台局部开裂渗水，引发室内漏水和墙体损坏；上下水管道年久失修，老旧不堪，容易发生堵塞；电线电路存在随意缠绕现象，可能导致电路短路、火灾等安全隐患；建筑结构受到白蚁侵害，木材遭受蛀蚀。

建筑外立面及风貌方面：外立面存在大量雨篷、废弃晒衣架及空调机架，外观凌乱不协调，损害整体建筑外观美感；局部外墙颜色后期修补，与周围建筑外观不协调；个别居民私自改塑钢、防盗窗，破坏了建筑的历史风貌，对整体建筑外观产生负面影响；外墙局部有裂缝、出现空鼓，脱落；局部墙体有植物寄生，潮湿受污严重。

住区环境方面：小区围墙、大门破旧、受损；小区路面、铺地损坏严重；地下污水废水管道年久失修。

（四）更新策略

1. 更新方法

（1）建筑及风貌整治

一是确定修缮目标。确保被修缮的建筑结构安全，消除安全隐患；保障居民正常使用，屋面不渗水、门窗可开关，上下水畅通，电线线路安全可靠；建筑重点保护部位的修缮，确保本次修缮不再造成重点保护部位再次破坏。二是保护住区特色风貌。按照保护要求以及实际式样予以修复，外部重点保护部位为建筑外立面、特色花园围墙及里弄整体空间环境；内部重点保护部位为主要空间格局、楼梯间、木门窗、水磨石地坪、天花线脚等特色装饰。

在屋面处理上，房屋坡顶平瓦屋面翻做，屋面板检修，防水卷材更换，检修平屋面防水，对损坏局部进行防水修复。房屋晒台翻做，其他构件损坏腐烂的按原样调换。有风火墙风格的售后房，屋面以检修整理为主，不考虑翻做及更换防水层。檐口平顶、封檐板以检修油漆为主。横水落、水管检修刷油漆。

在外立面处理上，由于永嘉新村产权较为复杂，为统一永嘉新村环境，经过售后房居民同意，外立面不修缮，可刷涂料。对于红砖清水墙面，清除现有清水墙表面的涂料和原修补材料，用专用砖红砖粉浆料逐块批嵌原砖面损坏的清水墙表面，修缮部分清水墙表面统一刷无色透气、透明保护液。对于水泥压毛墙面，粉刷修补起壳部分的墙面、裂缝。修缮更换架空地板的铸铁出风口，凡有损坏的，更换原式样铸铁出风口。在门窗处理上，修复损坏的现有木窗。在钢窗、铝合金窗（居民私装）方面，凡有由于搭设脚手架等引起渗水的均予以修复。为美化小区环境，对钢窗涂刷黑色调和漆。

在室内方面，修缮公私同幢建筑的公共部位。对内墙面起壳、平顶粉刷损坏、平顶线脚损坏、室内公共部位木地板松动等进行修缮，更换损坏的踢脚线、线脚、楼梯挡板、室内公共部位木地板等。在结构修缮方面，对砖墙非贯穿的结构裂缝，采用填缝法进行加固修复。

（2）住区环境整治

针对花园围墙，保护永嘉新村的开放式围墙特色，花式采用混凝土预制块，压顶采用混凝土现浇。对损坏的部分均按照实际式样予以修复。在道路方面，由于该小区路面损坏较为严重，道路进行了全面整修，重新铺设。更换现有的污废水管，检修疏通现有的排水窨井、化粪池，重修绿化。围墙方面，检修小区围墙，对损坏的部分刷涂料予以美化，并对小区大门、铁构件整修、油漆。给排水修缮方面，按照二次供水要求，对区域内所有用户（包含售后房用户）按实际使用户数进行计量水表分装。售后房用户表后接通用水点，保证户内通水正常使用；其他用户将对室内给水管全部更换，管道采用PPR热熔给水管。住区文化方面，带回街区故事，恢复历史名人故事和城市积淀，通过小型文化空间的植入和唤起记忆的材料和细节讲述住区文化。

2. 更新政策

上海市徐房集团依据《上海市历史文化风貌区和优秀历史建筑保护条例》《关于进一步加强对本市优秀历史建筑保护的若干意见》《关于加强对城市优秀近现代建筑规划保护的指导意见》，参考国家及上海市建设工程有关规范对永嘉新村进行修缮保护。

在留房留人、留房不留人、不留房不留人的三种住区更新模式中，永嘉新村的更新模式属于留房留人模式。在更新中不仅保持了原先住区的空间风貌特征，而且原汁原味地保留与保护了原先街道社会、生态与文化的特点和记忆。

永嘉新村的居住密度不高，但产权较复杂，包含公房（即厨卫合用的住房，该类型住房计算不出建筑面积，只有室内使用面积）、售后公房（个人产权，可以将公房交易出去、卖给私人）及私房。其中售后公房较多，存在不成套问题。在更新前期政府排摸房屋产权情况，为居民提供相应的房屋管理政策。

3. 实施机制

（1）更新主体

硬治理部分：徐汇区房管局主导，徐房集团落实，包括旧住房修缮，包括外立面、屋面、内部公共空间；街道办负责小区综合治理，如入口处的公共空间。软治理部分：即物业管理、策划社区的公共空间、入口视觉设计，如511、578微空间。

永嘉路578号（乙）位于永嘉新村的门头位置，地段优秀。该建筑的红砖墙、黑铁窗颇具老洋房风格，过去有不少摊贩在此经营；经"五违四必"整治，该建筑转变成闲置空间。天平街道决定采用微更新手法，对其进行业态调整。通过将永嘉新村的建筑元素，如砖墙、屋顶形式、格栅式窗型等应用在这处微更新中，它的外立面和周边环境融为一体。永嘉路578号作为社区文化艺术活动空间，其内部引入了建筑智能中控系统以及可变化的展示墙，通过新增的天窗引入自然光，将低耗环保的理念与风貌相结合，创造出艺术画廊般的氛围。

图 3-4　578 号微空间更新改造前后对比图

图 3-5　578 号街道界面更新改造前后对比图

（REF：上海交通大学城市更新保护创新国际研究中心、上海安墨吉建筑规划设计有限公司）

（2）资金来源

徐汇区的建筑修缮资金标准为：优秀历史建筑 2000 元 / 平方米，保留历史建筑 1500 元 / 平方米，普通房屋 800 元 / 平方米；其中市财政补贴 40%，剩余的 60% 由区财政出资。永嘉新村作为优秀历史保护建筑，其建筑修缮的全部资金由区财政出资，居民不需要出资。小区综合治理的资金由街道办提供，这部分资金同样来源于区财政拨款。

（3）公众参与

为了充分发挥居民自治共治的力量，让居民参与全程方案设计、方案公示全阶段，该项目采取了一系列的措施。首先，在项目前期的居民动员会上，向居民介绍项目的背景、目的和意义，激发居民的参与热情。同时，通过项目介绍会，让居民了解项目的具体内容和实施计划，为后续的方案设计和公示阶段打下基础。在方案设计阶段，需要与居民进行充分的沟通与配合，了解他们的需求和意见，确保设计方案能够得到居民的认可和支持。在这个过程中，为了更好地收集居民的意见和建议，设置了意见箱，方便居民随时提出自己的看法。在方案公示阶段，通过每周的例会进行答疑和交流，让居民更加了解项目的进展情况。主体单位房管局、徐房集团、设计单位及街道办均会参与例会，确保项目的顺利推进。此外，居委会和国有物业参与小区的管理，能更好地了解居民需求，且国有物业能更好地配合更新改造所需的工作。

（五）经验总结

第一，更新方法方面，永嘉新村项目挖掘了里弄住区历史，保留历史名人故事和城市积淀，以微更新的方式激活社区公共空间、提高空间利用率，激活住区文脉。在这个基础上做到了维护建筑本体，确保结构安全，同时满足了居民的改造需求。

第二，更新机制方面，建立公众参与的渠道。完善多元治理的流程。充分收集居民关于更新改造的意见，在更新中向居民公示设计方案，居民充分了解项目的背景、更新内容和意义；更新后开放公共场所，方便居民积极参与并建设社区文化活动，也为社区的多元治理打下良好的基础。

第三，社区活力和文化传承方面，在更新中提供了公共文化活动的场所。新增公共空间和公共设施供居民使用，增强了社区整体活力。将永嘉路 511 号改造为邻里中心，呈现历史名人故事，为社区活动开展提供场所，在居民日常生活中传承历史风貌和记忆；将永嘉路 578 号转变为社区内的文化艺术活动空间，为居民提供了小区门口文化活动的空间。更新在充分激发社区活力的同时，做到了片区集体记忆和历史文化的传续。

二、工人新村更新实践：长白 228 街坊

（一）基本概况

　　长白 228 街坊（以下简称 228 街坊）位于上海市杨浦区中部，敦化路以东、延吉东路以南、长白路以北、安图路以西，东西侧分别紧邻军工路中环高架和黄兴路内环高架。

图 3-6　228 街坊鸟瞰图

（REF：上海交通大学城市更新保护创新国际研究中心、上海安墨吉建筑规划设计有限公司）

追溯历史，上海解放后不久，在第一个工人新村（曹杨新村）的建设示范带动下，沪东、沪西开始大规模建设工人住宅。1952—1953年期间，按照"坚固、适用、经济、迅速"的原则，上海建成了17个工人新村。这批工人新村共有2000幢，每幢住10户，可以容纳两万户职工家庭，被统称为"两万户"。228街坊是"两万户"工人新村中第一批建成的，于1952年9月动工建设，1953年5月完工，共有14幢290户人家。第一批居民大部分是劳动模范和先进工作者。1979年228街坊也列入改革开放后住宅改造试点，在原有建筑的南面进行加扩建。

228街坊在组团布局和建筑单体两方面体现了"两万户"工人住宅特征。在组团布局方面，228街坊呈现两横两纵的路网格局和行列式的住宅排布。住宅建筑之间以花园绿地间隔，并种有高大乔木；中心绿地约4000平方米，是居民休憩的重要场所，街坊内部空间宽敞且相互贯通。这种行列式布局和院落式公共空间是"两万户"工人住宅的重要特征。在建筑单体方面，228街坊采用砖木结构、二层坡屋顶和素墙红窗。每幢住宅采用单元式设计，每个单元分上下两层，每层5个房间，可住10户人家。水、电、煤气俱全，但厨房、厕所、洗衣是集中设置，位于底层，五户合用。虽然因为强调低成本的快速建造，建筑的艺术价值有限，但建筑设计中采用的水泥墙、红木窗、机平瓦、立帖式木梁架、砖砌承重墙、木楼面，是当时工人新村住宅建筑的普遍做法，具有鲜明的时代特征和代表性的历史风貌。

228街坊是上海市首批12个城市更新示范项目之一。作为20世纪50年代建造的工人新村，这里既承载着上海"两万户"的深厚历史底蕴，又被赋予重现风貌、重塑功能、重赋价值的崭新使命。228

街坊以 15 分钟社区生活圈建设为抓手，探索政府引导、市场运作、公众参与的城市更新可持续模式，形成了历史风貌与功能配套兼具的新时代人民城市幸福社区。

（二）发展历程

从 1985 年起，由于达到设计使用年限，且面临居住人口增加、建造时没有独立厨房及卫生间、居住条件无法满足百姓现代生活需求等问题，"两万户"陆续被拆除。自 2002 年起，"两万户"迎来大规模拆除，228 街坊中的 12 幢房屋也被划入旧改范围。由于地块内的建筑当时尚未列入保护名录，原规划采用的是拆除重建的旧改模式。

2015 年，上海城市开始由"旧区改造"向更加尊重历史文化、注重风貌传承、加强社区配套的"城市更新"有机转型。经过全面的评估和研究，228 街坊放弃了原定的"旧改模式"，转而采用有机更新的思路和方法，被列为杨浦区城市更新试点项目并启动规划评估和调整工作。规划对原方案进行优化调整，大幅下调原旧改方案的地块容积率，通过保留与修缮、合并与复建，原汁原味地保留了两幢原"两万户"住宅老房子，并整体保留 12 幢老房子的建筑肌理和历史风貌。同时对功能进行调整，新增社区商业、文化、众创办公等复合功能。

2016 年，228 街坊"两万户"仅用 106 天，通过"意愿征询率、协商签约率、搬迁交房率"，三个 100% 征收成功。228 街坊居民于 6 月全体搬迁完成。2023 年按照规划建设完成的 228 街坊成为融合居住、展示、商业、休闲、社区商业等多元复合功能为一体的特色街区，并成为杨浦长白地区"15 分钟社区生活圈"的社区公共空间，深受百姓喜爱。

图 3-7 228 街坊社区商业休闲空间

（REF：上海交通大学城市更新保护创新国际研究中心、上海安墨吉建筑规划设计有限公司）

（三）问题挑战

228 街坊改造前分布有 12 栋"两万户"住宅，经过历史数次改造后内部主体与功能等基本没有改变，历史格局保留较为完好。但由于项目建成年代久远，面临着基础设施差、配套缺失、功能不完善等诸多问题。一方面，街坊内居住环境拥挤，内部公共空间不足，绿化广场面积小，小区内部居民自搭建乱象严重；另一方面，根据检测报告，小区房屋存在稳定性差、房屋寿命短等突出问题，建筑内部设施较为老旧，存在管线老化等问题。

作为 1949 年后工人新村唯一保留下来的街区，228 街坊承载着中国工人集体生活记忆中的共享邻里关系，传承了"两万户"劳动精神内涵，是工人集体居住的历史范本。如何对其进行保护传承并适应现代城市生活的需要，是更新最大的挑战，具体包括以下三个方面：

（1）如何在保护历史文化风貌的同时，满足现代化的功能需求和居住品质，实现工人新村的空间特征同新时代建筑的融合。

（2）如何在更新推进的过程中探索在住区更新项目可持续的更新模式，在用地、居民、财政、市场参与等多个方面寻求更新最优解。

（3）如何为更新注入现代生活模式以及社区相关配套，营造功能复合的街区，辐射带动周边住宅区，推动当地15分钟生活圈的建设。

（四）更新策略

1. 更新方法

228街坊在空间类型上是上海市成片的、完整的"两万户"街坊。作为社会主义建设初期上海工人住宅的代表，228街坊不仅具有展示上海城市发展史、住宅建设史及工人生活史的重要历史价值，而且具有再现社会主义生活方式和重温工人集体记忆的重要空间类型价值。

（1）建筑多级保护与历史元素复原

针对场地内建筑的留存现状，228街坊采取三级保护利用策略：对于1952年首批建造且保存相对完整的两幢住宅，通过原位复建的方式将历史风貌完整保留；对于街坊内其他建筑采取外立面延续风貌，层高适当增加；去除1979年加建改建的部分，为街区提供更多的公共空间。经过历史考证，复原两万户建筑外墙面、门窗、屋面、内部空间和时期的居住环境，主要包括：采用黄砂水泥砂浆粉刷饰面；按原先位置和形式对木门窗进行更新；原貌复原坡屋顶屋面、红色平瓦；保留东侧相邻两个住户空间及其厨房、卫生间，配合展示打造生活体验区；用混凝土框架结构代替砖木结构，并保留木结构作为装饰构件。

（2）院落布局和开放街区空间结构

228街坊保护利用沿袭了12栋风貌建筑的组团结构和中心庭院

的历史格局，包括建筑围绕中心绿地的院落式布局、建筑单体朝东偏南方向的行列式布局以及两横两纵的路网结构。同时更新方案增加出入口并强化出入口的公共性要素，通过廊道和景观平台建立视觉通廊。优化了街坊面向城市道路的巷道入口空间与界面，让228街坊由修缮前的封闭转向更新后的开放，重建街坊与城市的紧密联系。

（3）精细化外部环境与品牌特色

打造精细外部环境。对周边住区建筑、沿街立面、街道平面、城市家具、店招店牌等提出针对性的优化设计策略，大幅提升沿街立面品质，将原本消极空间转换成为可休憩、可欣赏、可互动的高品质城市公共空间，实现228街坊的品牌外延。同时更新塑造了228街坊特色标识、在入口置入标识牌坊与地面文化标识，传递出空间标识记忆，唤醒社区居民的集体记忆。

图 3-8　228街坊入口标识牌坊

（REF：上海交通大学城市更新保护创新国际研究中心、上海安墨吉建筑规划设计有限公司）

2. 更新政策

规划政策方面：由于历史风貌保护、15 分钟生活圈建设以及区域内保租房储备等要求，228 街坊的容积率调整下降至 1.23。在当时（2016 年）针对地块内公共要素的优先考虑，在政策上采用了住宅开发量的跨社区平衡，将多余容积率转移至周边，做到区域内容积率的统筹平衡。此外，更新调整整体用地性质为四类住宅组团用地（全持有租赁住房）和社区文化设施用地。项目总建筑面积 43960 平方米，其中地上总建筑面积占比 65.4%，项目北侧新建 17 层租赁住宅，与底层商业面积共占比 40.3%；地下面积中地下车库面积占总建筑面积比 30%。街区融净菜超市、党群建设、社区文化、商业（特色餐饮、生活服务、休闲体验）等多种功能业态于一体。

房屋管理政策方面：在当时（2016 年）探索出了三个 100% 协商拆迁举措，参考了 2013 年杨浦区定海 154 街坊居民协商拆迁政策。在依法合规的前提下，突破"拆迁"和"征收"的常规做法，创造性地提出"整体协议拆迁"办法。明确协议拆迁补偿方案，保障和捆绑居民的利益。整体协议拆迁工作在 59 天内顺利进行，为 228 街坊征收在操作方式方法上提供了先例，也为住区更新房屋管理可复制的模式奠定了扎实的基础。同时，租赁住宅也为杨浦区后续的住区更新项目提供了一定的动拆迁安置房源。

3. 实施机制

（1）更新主体

228 街坊是杨浦区长白新村街道的重点旧改项目之一，由杨浦区政府推动和引导，分为一级二级开发的方式。

项目前期的征拆建设、土地出让及前期整体规划由杨浦区政府主导并实施，区属企业卫百辛（集团）公司为杨浦区公房管理主体。街道、居民、规划师社会多方共同努力加以推进和实施。项目的二级开发主体是区属企业科创集团创寓科技发展有限公司，定向招拍挂获得土地。科创集团的运营采用了全自持的方式，通过统一运营管理，保证项目后续发展的可持续性。设计单位是日清建筑设计有限公司、施工单位是上海建工集团，整体街区整体景观提升设计单位是上海安墨吉建筑规划设计有限公司。

（2）资金方面

项目一级开发由卫百辛集团负责，资金来源于区级政府财政，成本主要包括居民安置费用、拆迁建设费用等，其中居民安置费用占比最高。项目二级开发的资金来源为区属企业杨浦科创集团。成本主要包括土地招拍挂费用、建设费用、管理维护费用等。228街坊的项目自身资金费用本身无法平衡，但杨浦区通过区域内统筹，做到总体综合平衡。

（3）公众参与

228街坊更新项目涉及的相关者众多，包括政府、专家、权利人、原先住民、周边居民、设计师等。

在前期区域评估阶段，通过座谈、发放问卷等多种形式对周边居民的需求进行摸底和调研。市、区、街道通过合作论坛和媒体报道的方式，对评估成果进行及时宣传和沟通交流。建立公众参与的合作治理机制推进城市更新。

在土地征拆建设阶段，228街坊整体协商征收工作积极保障公众参与。在基地启动告示张贴的同时，将补偿安置方案、人口认定办法、产权调换房屋选购办法等一并公示。在意愿征询阶段，开展同居民的座谈会、宣讲会。在协商预签约阶段，成立征收事务所，将每户居民的补偿结果、安置方式选择等以书面形式反馈居民，同时公示征地情况及征询进度，做到公众参与的公正与公开。

在运营管理阶段，通过利益相关者联动的公众参与，加深市民对城市更新的理解和认识。建立 15 分钟社区生活圈的多元利益相关者公众参与的需求征询工作坊。

图 3-9　228 街坊社区公共空间

（REF：上海交通大学城市更新保护创新国际研究中心、上海安墨吉建筑规划设计有限公司）

（五）经验总结

228 街坊项目作为上海城市更新试点项目之一，在启动更新修缮时，已是上海仅存的"两万户"工人住宅。在更新中对其有机更新背景下的历史建筑保护和再利用进行了多方面的探索，放弃了以拆除重建为主的"旧改模式"，采用以风貌保护为主的"有机更新"模式。将街坊内的保护建筑和公共要素纳入城市更新单元的法定规划，将历史上的工人住宅、当前的社区更新与未来的地区发展联系起来。在政府主导、多部门统筹和公众参与的推动下，更新在改善空间品质的同时也让社区空间的公共价值和多元利益得到平衡。其"挖掘历史场所和生活记忆、引入公众参与，寻找保护与发展平衡点"等宝贵经验，对上海乃至全国的城市更新实践具有重要的参考价值。

1. 在更新策略方面，228街坊更新保护了工人新村的历史文化风貌，实现了集体记忆的传承

228街坊保留了工人新村的建筑肌理和历史风貌，统一材质、结构、空间形式等内容，传承工人新村的空间记忆和社会主义精神；恢复社区曾经的公共活动空间——中心大草坪，重塑社区空间肌理与人文风貌；塑造具有区域品牌文化特色的标识牌坊与地面标识，唤醒社区居民关于两万户的集体记忆，成为传承历史文化的精神堡垒。

2. 在更新机制方面，228街坊探索可复制、可推广的住区更新模式，推动住区更新的可持续发展

在规划政策方面，在保证总建筑量平衡的前提下，优先考虑公共要素的落实，实现了跨社区建筑量转移的尝试；在房屋管理政策方面，最大化当地居民的利益，开创了整体协商征收的政策，实现项目前期快速推进与落实；在运营管理方面，228街坊采取了全自持的方式，科学运营，通过功能业态的调整、各企业共融共治，在社会、经济、文化价值中寻找平衡点，保证项目运营的可持续性。

3. 在更新成效方面，228街坊形成了上海十五分钟生活圈的典范，为实现城市更新与生活圈建设的双重示范性项目提供了上海经验

项目为周边8万—10万人口提供高品质的社区服务，包括社区食堂、社区工坊、社区运动健身中心等，有机结合公益性和商业性。营造社区生活场景，引入片区综合性服务功能，改善升级了社区生态圈，为住区的发展注入活力。

图 3-10　228 街坊内百姓休闲场景

（REF：上海交通大学城市更新保护创新国际研究中心、上海安墨吉建筑规划设计有限公司）

三、城中村更新实践：红旗村

（一）基本概况

红旗村城中村改造项目是上海市首批城中村改造试点之一。项目位于上海市真如城市副中心南核心区，普陀区长征镇，东起中宁路，西至曹杨路，南靠武宁路，北邻铜川路，地块总占地 586 亩。红旗村城中村改造项目包括了长征镇红旗村、五星村集体土地 279 亩，有 6 个宅基地 58 亩，村居民 510 户，户籍 1500 多人口；有国有土地 132 亩，上海铁路局、蔬菜集团、上海电信等 18 家央企市企及民企各类单位土地，及普陀区土发中心储备土地 116 亩等。在 2014 年该范围拥有 90 家印刷厂，207 个冷库，9 个大型市场，16 家小型旅馆、超市、餐饮及休闲娱乐场所，1200 多家经营户，4800 余家租赁户，近 10 万的流动人口。由于高压架空线穿越、土地权属复杂、大量外来人口混居于此，生活环境恶劣，城市管理问题尤为突出。

随着真如副中心的加快建设，周边道路及轨道交通等基础设施配套日趋成熟。红旗村及其周边地区状况极大地影响了真如副中心的功能与形象，制约了整个地区的社会、经济发展，是上海中心城区规模最大、改造需求最紧迫的"城中村"，也是城市更新中需要破解的难题。

红旗村及其周边地区自 2014 年启动城中村项目改造，历经十年规划建设的更新历程，如今已经转变为真如副中心核心片区的高品质居住、现代化商务集聚区，实现了从"红旗村"到"真如境"的更新蝶变，成为上海城市更新实践中实现社会、经济、环境、治理整体可持续发展的"城中村"更新经典案例。

（二）更新历程

历史上的红旗村地区是传统商贸市场集聚，大量外来人口涌入并聚居，区域内市场经营管理、治安管理、人口居住管理、公共卫生管理等矛盾叠加频发的区域。因涉及许多原先与租赁户共同改造的厂房、出租房等历史遗留问题，情况复杂，矛盾突出。

图 3-11　红旗村项目改造前照片

（REF：中环集团）

2014 年至 2017 年间，红旗村地块"城中村"范围内的所有土地、房屋进行分期征收和改造。红旗村经营主体权属关系复杂（涉及集体企业，私营企业，国有企业等）。红旗村改造综合整治任务，涉及初级市场的关闭、集体土地的征收、村民宅基地的动迁，因此根据每一不同情况实施有针对性的措施。2014 年红旗村项目更新改造方案获批通过启动改造，并在 2015 年至 2016 年通过关停并转及违章建筑拆除，完成"城中村"改造综合整治任务；2017 年在基地内完成了动迁安置房建设，让村民改善居住条件的同时可以选择原址回迁。

2018 年通过系统研究、整体谋划，打破原有土地权属犬牙交错的状况，基于城市更新多元主体利益协调、合作共赢的原则，对原有规划进行优化调整。按照整体规划更新后的红旗村，至 2023 年底全面建设完成，成为涵盖办公（中海中心）、商业与文化（环宇城 Max 购物中心）、住宅（臻如府、申兴华庭）等多元复合功能的现代化城市社区。

图 3-12　红旗村项目改造后照片

（REF：上海市人民政府）

（三）问题挑战

1. 土地权属复杂、居住环境及社会治理问题严重

地块总占地 586 亩，包括长征镇红旗村、五星村集体经营性建设用地以及如上海铁路局、上海电信等 18 家国企、民企各类单位国有土地，各用地范围在地块内分布混乱。由于地块内果品批发市场、干货市场、水产市场、农贸市场、铁路货场长期经营和扩展，单位房屋对外出租情况普遍，大多数当地居民已移居他处并将老宅出租，导致外来人口多、无证经营多、违章搭建多的"三多"现象非常严重，该地区成为环境卫生脏、治安状况乱、生活条件差的城市发展痼疾。

2. 外来流动人口比例高，人口组成结构复杂

红旗村项目地块内原有人口包括 6 个宅基地原村民（已于 1998 年完成农转非）及部分居民。村、居民户数约 510 户，人数约 1564 人；地块内外来持居住证常住人口约 18730 人、无序居住人口约 13500 人；共计居住总人口约 33800 人。地块内集体及单位所属土地

上还有经营租赁户1200余家。

　　地块内外来人口多、无证经营多、违章搭建多，转租、群租状况普遍。36万平方米旧房面积中，近29万为无证建筑。山华果品、铜川水产等九大市场集聚外来流动人口达6万以上。

3. 现状功能混杂、土地权属犬牙交错，规划实施难度大

　　红旗村项目地块包含了大量的城市市政基础设施布局，使得可用于更新建设的空间与体量受到很大制约。例如高压线斜穿地块，由于工程量大、费用高、耗时久，高压线入地方案也难以实施。再有地铁14号线从地块穿过，受地铁控制线影响，建筑设计布局困难，地下空间很难加以利用。加之市政道路、河道及绿化面积占比高。按照既有规划仅约三分之一为可开发用地面积。这些条件的制约大幅增加了更新改造的实施难度。

（四）更新策略

1. 更新方法

（1）统筹兼顾、调整优化，制定可实施的区域更新规划

　　基于复杂的土地权属、人口结构、用地现状，更新采用了打破土地权属边界、综合空间合理性、实施可操作性及经济可行性的区域统筹、系统规划原则，在《上海市真如城市副中心控制性详细规划》基础上，对红旗村地块进行规划优化与调整。例如，在绿地和水域面积不减少的前提下，调整绿地位置至高压走廊下，调整河道走向，整合土地空间及可建设用地。通过规划调整增强项目改造可操作性，实现地块改造资金的自我平衡。

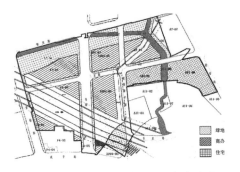 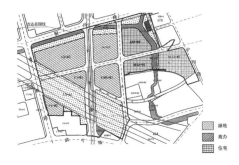

图 3-13　根据 2007 年《上海市真如城市副中心控制性详细规划》绘制的原控规示意图

REF：自绘

图 3-14　根据 2018 年《上海市普陀区真如社区控制性详细规划局部调整》绘制的新控规示意图

REF：自绘

（2）居民原址回迁

红旗村地块在改造的规划中辟出 47 亩土地作为动迁安置房基地，建设 7.8 万平方米安置房。红旗村项目在地块改造过程中充分征询集体与村民意见，为村民建设了就地安置房，在地块后续建设中将部分商办用房以成本价留给集体经济组织。

（3）功能定位多元复合，建构可持续发展社区

改造后的红旗村项目涵盖多元复合功能，办公项目为中海中心，商业项目为中海环宇城 Max 购物中心，文化项目为中海剧院，住宅项目为中海臻如府。红旗村地块建成兼具商业、办公、文化、居住等多业态功能的城市综合体，推动产业结构升级及地区文化发展，构建现代化活力社区。

2. **更新政策**

更新片区规划调整。红旗村地段原有地区规划为 2007 年编制，绝大部分建设用地受高压线影响无法利用，可建设用地仅占三分之一，导致改造地块存在巨大的资金平衡缺口。因此在满足规划技术标

准、符合公共利益及周边条件允许的情况下，对规划进行优化调整，在绿地面积不减少的前提下，调整地块内绿地至高压走廊下，释放可建设用地，实现规划的可操作性，增强项目自身资金的平衡能力。

3. 实施机制

红旗村项目作为上海市城中村改造试点项目，探索了在政府全力推动下的多元主体共同实施及社会多方共同参与的机制。该项目实施主体上海海升环盛房地产开发有限公司，由央企中海地产、普陀区属国企中环投资、村集体资产组织现代天地，按照70%、20%、10%比例出资组成。并在开发建设完成后，继续负责后续的运营管理。

改造过程同样注重集体经济的持续发展，探索了多元化的增收与运营长效机制。在紧邻真如绿廊的核心位置，建设5万平方米甲级写字楼"鸿企中心"，也是红旗村改造项目中最早交付的超高办公楼。该楼作为土地征收补偿的回购资产，以成本价提供给农村集体经济组织，成为其长期、稳定的经济来源。集体资产借此提升能级，村民有机会通过培训提升后，参与到资产的物业管理等工作，在享受土地红利的同时，也获得了更广阔的就业机会。

（五）经验总结

1. 制定区域整体更新规划，提升区域开发能级

通过系统整体规划的优化调整，实现更新规划的可操作性，增强项目自身资金的平衡能力。改造后的红旗村充分结合真如城市副中心的地理位置优势，在轨交1号线和14号线交会的真如站点建设轨交上盖综合体，调整建设用地，减少受高压线影响因素，规划了包含商业、办公、公共文化设施、住宅和地下联动开发空间等多元业态的综

合体项目，营造集景观、艺术、商业、休闲于一体的城市副中心。

2. 注重村民利益保障，采用多种方式，支持集体经济组织可持续发展

一方面采用居民就地安置，红旗村地块实现了居民的原址回迁，让村民百姓得到了实惠，提升原住民的文化认同感和环境满意度。另一方面，充分保障农村集体经济发展和农民长期稳定收益。集体经济组织入股项目主体公司参与地块开发，能够享受开发和经营带来的红利。同时，在地块核心位置给集体经济组织留存物业资产，为失地农民提供就业岗位和分配资金，实现征地劳动力及养老人员的妥善安置及保障，为集体经济组织可持续发展提供支持。

3. 土地一、二级联动开发，多元主体共同参与，实现共建共治共享

红旗村项目通过镇集体经济组织引入合作单位的改造模式，减轻资金筹措压力。借助土地一、二级联动开发，突破政策瓶颈，填补项目收支缺口，实现"城中村"改造社会效益与经济效益的平衡。

第一阶段在城中村的改造过程中，区属企业负责一级土地整理，将原本零散、无序的土地进行整合和规划，为后续的开发工作打下坚实的基础。这一阶段的工作包括土地征收、拆迁、安置等，需要区属企业与当地政府、村集体组织及居民密切合作，确保工作的顺利进行。

第二阶段，央企、区属国企、集体经济组织共同形成联合开发主体进行二级开发。央企凭借其雄厚的资金实力、丰富的经验可以提升城中村更新质量。一方面，改造后的城中村可以提供更多的住房选择，满足不同层次、不同需求的人群，促进人口流动和城市发展。另一方面，央企的参与可以带动区域经济的发展，吸引更多的投资和企业入驻，形成良性循环。同时镇集体经济组织的参与，保障了村民收益与集体经济组织可持续发展。该项目通过土地一、二级联动及多元主体参与开发，实现了红旗村城中村更新改造项目的成功实施。

红旗村是列入上海市首批"城中村"改造试点并率先更新完成的项目，鉴于城中村改造的复杂性与特殊性，其在更新方法、更新政策、实施机制上的探索，对上海乃至全国的城中村更新具有一定的参考价值与借鉴意义。

第四节　住区更新策略总结

通过总结提炼住区更新中里弄住宅、花园住宅、公寓住宅、工人新村（含职工住宅）、商品住宅、城中村，共六种类型的保护更新实践优秀经验，下面将从建筑更新、住区环境更新、更新政策、实施机制等方面提出策略和建议。

一、建筑更新方面

不同年代住区针对性提升。如针对建成年代较久的里弄住区，首先解决厨卫分离、成套改造等问题，针对多层职工住宅、商品住宅加装电梯，针对建成条件较好的商品住宅、公寓，进行损坏设施更换、立面翻新等。

关注历史建筑价值。平衡保护与使用需求，明确修缮保护构件，在功能提升时避免对建筑历史价值造成破坏。

对不同建筑构件进行更换、维护或新增。解决因年代久远带来的设施老化问题和混凝土剥落、房屋漏水、结构安全等问题。

根据居民需要和安全要求，对附属设施进行更新。对住宅楼、小区内加装或更换老旧电梯、更换配电箱、检修存在安全隐患的附属设施，增添无障碍坡道、防滑扶手等适老化设计。

二、住区环境更新方面

建立空间共享机制，满足有限空间条件下的多种功能需要。对于小区面积有限、公共空间不足的住区，可以采用空间共享模式，如将街道改造为步行＋休憩场所，满足居民的生活需要。

提供复合功能公共空间。通过公共空间营造，提升居住品质，合理布局住区停车设施，提高街道品质。

延续住区历史文脉。挖掘住区历史文脉，保留住区原始特色，恢复住区历史文化特色、历史街区规划特征，重现历史街区、里弄街巷氛围。

平衡使用需求与历史风貌需求。在保障居民需求的同时，里弄住区的更新设计需要针对保护历史风貌进行针对性设计。

关注住区所在的建筑街区风貌。从城市界面层面对住区风貌、立面、附属设施的布局和外观进行控制。

综合配套提升，满足居民生活需要。在大型住区更新改造时，除了住宅部分的提升，需要考虑引入养老院、托儿所、社区医院等生活服务设施以完善周边公共设施配套。

　　梳理建筑与住区环境更新要素。建议将建筑与住区环境更新要素划分为六大类36项，包括建筑要素、住区文脉、社区治理、住区环境要素、交通要素以及配套设施等方面。

建筑要素	住区文脉	住区环境要素	交通要素
1. 建筑立面 2. 厨卫分离 3. 设备管线 4. 竖向交通 5. 无障碍设计 6. 隔音设计 7. 结构加强	8. 历史风貌保护 9. 集体记忆 10. 住区特色	16. 路面状况 17. 围墙空间 18. 标识系统 19. 座椅 20. 照明系统 21. 沿街绿地 22. 公共绿地 23. 宅前 宅后绿地 24. 社交场所 25. 健身场所 26. 社区公园	27. 步行桥 28. 停车位 停车场 29. 慢行专用道 30. 非机动车停车 31. 骑行道 32. 车行道
	社区治理 11. 住区物业 12. 社区活动 13. 卫生治理 14. 住区安全 15. 智能设备		**配套设施** 33. 适老性设施 34. 社区活动中心 35. 菜场 36. 托儿所

图 3-15　建筑与住区环境更新要素

三、更新政策方面

　　规划引领，统筹整体，系统性更新。以"规划蓝图"为依据，规划设计单位作为总控单位，把控项目定位与设计方案质量，根据社区需要和部门计划，制定每个项目的实施目标和内容。各项目按照统一的规划要求及设计方案一次实施。

　　适当突破既有规范要求，提升居住品质。针对小区不足的公共配套功能，如停车空间、加装电梯、社区配套，梳理住区空间条件，采用不同方式予以解决，如"绿改停""局部加建或增建"等，会涉及绿化率降低、容积率增加等规范、规划突破，应予以政策支持，如采用规划实施或规划调整等方式。

分类分时序推进更新项目。对于采取渐进式整治模式的住区更新项目，根据改造需求，可以将相关更新计划和项目按施工难度和施工时长分类，如需要住户暂时搬离住宅的和无需搬离的，以避免施工对居民日常生活造成影响。

设置更新周期。将住区更新内容分类，设置固定的翻新、检查周期，对住区环境、建筑构件、附属设施等进行定时整治，保持居民的良好生活体验。

结合公共住房体系。对于城中村改造，政府可以改进城中村改造和保障性住房政策，进行综合整治后的城中村可以有效补充房地产租赁市场，弥补公共住房空间覆盖范围不足、夹心群体住房困难的问题，补充城市中心地段保障性住房的提供。

四、实施机制方面

政府补助关键节点，助力老旧改造顺利推进。针对厨卫入户改造、加装电梯等居民迫切需要改造的内容，政府可以考虑通过加大政府资金投入等方式鼓励市民参与，吸引多方合作，推进老旧住区改造。

金融创新，开发新型贷款模型，深挖市场潜力。可以借鉴日本金融创新模式，利用住房金融市场潜力助力老旧小区改造。如"长期低息房贷""老年贷""买房装修一体贷"等。

优化更新改造的程序，形成三方协作机制。政府对更新改造程序进行优化与完善，加快老旧小区的更新与改造。平衡政府、居民、实施方三者在社会、环境、经济方面的多元利益诉求，推进住区更新。

完善公众参与机制。提高项目设计、决策阶段公众的参与，可借鉴台湾社区规划师、香港更新区域咨询委员会等公共参与机制。适当放宽业主集体决议标准，如日本《都市再开发法》将原有的土地所有者全体同意的决策条件放宽为 2/3 以上的土地所有者同意即可，以推进项目的进行。

第四章
公共空间更新类型与策略研究

　　本章深入剖析公共空间更新类型，划分为六中类三十一小类；选取陆家嘴松林路、上海市"一江一河"全线贯通工程、上海展览中心作为代表性案例，总结提炼每一类型的更新策略；从更新的方法、政策、机制等方面，提出不同更新类型的策略和建议。

第一节　公共空间更新类型

　　在现代城市发展的进程中，公共空间不仅是居民日常生活的活动场所，更是促进社会交往、增强城市活力的重要载体。目前针对公共空间的分类，绝大部分是从物理特征或功能属性方面来认识的，大部分将公共空间视作户外空间来处理，然而公共空间与户外空间并非简单的等同或包含关系。同时，公共空间的更新中公共设施的更新优化也容易被忽视。

上海城市更新标准需求清单中将公共空间分为：建筑空间、街道空间、绿化空间、滨水空间和地下空间五大类。通过大量政府文件、文献阅读与上海市城市更新行动实际经验总结，本书将上海市公共空间更新的类型分为七个中类，分别是：绿化空间、街道空间、滨水空间、广场空间、地下空间、公共服务设施附属公共空间和交通基础设施附属公共空间。

图 4-1　公共空间更新类型

一、公共空间更新类型

（一）绿化空间

结合上海市绿化市容局《上海市口袋公园建设技术导则》《关于推进上海市公园城市建设的指导意见》等文件，将绿化空间根据其不同功能特征具体分为 6 类：城市公园、口袋公园、公共绿地、社区绿地、道路中心带、附属绿地。其中：城市公园指规模较大、设施完善、功能齐全的公园，为市民提供休闲、娱乐、运动和文化活动的场所；口袋公园指规模较小的城市公园，通常位于城市中心或高密度区域，为市民提供短暂的休闲空间。

（二）街道空间

根据《上海市街道设计导则》，结合《人民城市的品质管理与精细治理研究——以徐汇区高安路一路一弄为例》，将街道空间根据其不同要素特征，具体分为 8 项：车行空间、步行空间、停车空间、设施空间、沿街活动空间、绿化景观空间、建筑前区、沿街出入口。

（三）滨水空间

结合《上海市黄浦江苏州河滨水公共空间条例》等文件，将滨水空间根据其不同功能特征，具体分为 4 项：慢行通道、景观绿化、活动场所和配套设施空间。

（四）广场空间

将广场空间根据其不同功能特征，具体分为 3 大类：城市广场，位于城市建成区，具有较大公共活动空间，是供人们游憩休闲的场地；商业广场，具有一定规模，是文化娱乐、商品零售、餐饮等服务网点集中的区域；水域休闲广场，是依托水域形成的休闲产业集中、休闲服务与产品供给丰富、休闲环境良好的特殊区域。

（五）地下空间

将地下空间根据其不同使用功能，具体分为 3 项：地下交通空间、地下公共活动空间、地下商业空间。其中，地下交通空间指位于地下的交通设施区域，包括地铁、轻轨、地下道路等。地下公共活动空间为公众提供休闲、社交、文化等活动的场所，包括地下广场、展览馆等。它们通常结合城市的文化和艺术特色，为市民提供丰富的文化生活体验。地下商业空间指用于商业活动的地下区域，如购物中心、超市、餐饮店、娱乐设施等。

（六）公共服务设施附属公共空间

将公共服务设施附属公共空间根据其不同使用功能，具体分为4项：文化博览设施附属公共空间、体育休闲设施附属公共空间、教育科研设施附属公共空间和金融邮电设施附属公共空间。其中：文化博览设施附属公共空间，可能包括公共广场、公园、艺术中心、剧院、音乐厅等，具有公共性、文化性、社区性、多功能性和可持续性的特点；体育休闲设施附属公共空间是依托体育设施建设的，如全民健身中心、公共体育场、社会足球场、街道健身场地等；教育科研设施附属公共空间包括校园内的公共区域，如图书馆、学习共享空间、既服务于教育科研活动，也对公众开放，例如苏州河华政大学段；金融邮电设施附属公共空间包括邮局等金融服务场所附近的公共区域，例如武康大楼天平邮局。

（七）交通基础设施附属公共空间

将交通基础设施附属公共空间根据其不同使用功能，具体分为3项：交通设施附属公共空间更新、交通设施更新改造和新增交通设施提升公共空间。

二、公共空间更新体系

　　基于公共空间更新的类型，将上海公共空间更新细分为七中类，三十一小类。

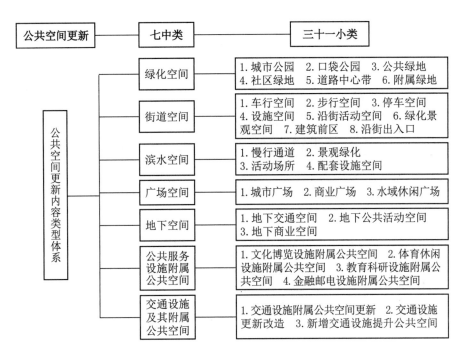

图 4-2　公共空间更新内容类型体系

第二节　公共空间更新存在问题

　　空间开放性较差：具体表现为部分公共空间过于封闭，与周边通联不畅；场地使用率不高，存在消极空间；原有部分滨水空间存在断点。

　　空间环境品质低：具体表现为公共空间入口形象不佳、公园围墙老旧缺乏美感、垃圾转运站影响公园形象等问题，以及公共空间原有铺装与景观构筑破败、地面铺装存在局部破损、不平整及不对缝的问题。整体风貌形象欠佳。一是建筑立面的问题，包括历史建筑风貌被破坏，以及立面局部破损和脏乱。二是围墙的破损和积灰问题，围墙与主体建筑的风格不协调。三是外立面附加物的问题，如空调外机、落水管、电信箱等设施影响街道的美观。此外，沿街商业也存在诸多问题，主要包括底层商业与主体建筑风貌不协调，广告牌和店招风格、色彩、尺寸不统一等。景观绿化品质不高，部分空间作为街边绿地，仅有绿化功能，无法满足市民其他需求。

交通方面存在问题：部分公共空间功能区域混杂，在主要流线上形成交叉障碍，人群流线存在相互干扰，仍需进一步人车分流，增强步行友好性。较大客流量导致周边道路停车困难，通达性较弱。公共交通覆盖分布不均且交通形式较少，可达性较弱。

功能定位方面存在问题：部分公共空间设计缺乏多样性和活力，功能单一，无法满足周围居民使用需求。设施不完善，部分社区公园内现有健身器材较为单一且破旧，休息座椅布局不合理且数量较少，缺乏青少年和儿童活动场地和设施。

管理方面存在问题：管理缺位，部分街道空间内硬件设施薄弱、生活环境杂乱、公共空间局促、管理不到位等问题突出。规划创新后缺乏全周期的配套管理制度和社区治理机制。尚未形成成熟的共治平台和路径，难以促进各方进行共商共议。

第三节　公共空间更新实践

对公共空间更新的七种类型分别进行具体细分后，找出存在的问题，研究以下案例的优秀更新策略并进行经验总结，从公共空间更新的内涵及重要性、城市公共空间更新的策略与方法、上海城市公共空间更新的政策与机制方面提出相关的政策建议。

在案例选取方面，研究依据不同类型的更新主题，选取了一江一河全线贯通工程、杨浦滨江南段、徐汇滨江西岸、黄浦滨江更新、黄浦江东岸更新、虹口北外滩更新、长宁华政段更新、苏河普陀段更新，陆家嘴松林路，上海展览中心，南京东路、世纪广场，徐家汇体育公园等案例。

下文将选取街道空间陆家嘴松林路、滨水空间上海市"一江一河"全线贯通工程，以及公共服务设施附属公共空间上海展览中心作为代表性案例，从基本概况、发展历程、问题挑战、更新策略、经验总结五方面展开具体阐述。

一、街道空间更新实践：陆家嘴松林路

（一）基本概况

松林路位于浦东新区陆家嘴街道的梅园片区，梅园片区位于源深路西、文登路东、张杨路北、浦东大道南，是浦东开发中极其成功的居住功能配套片区，对浦东新区的整体发展起到了巨大的功能配套作用和新区发展价值。随着城市的发展、历史的推移，该居住片区已经超过了30年的历史。

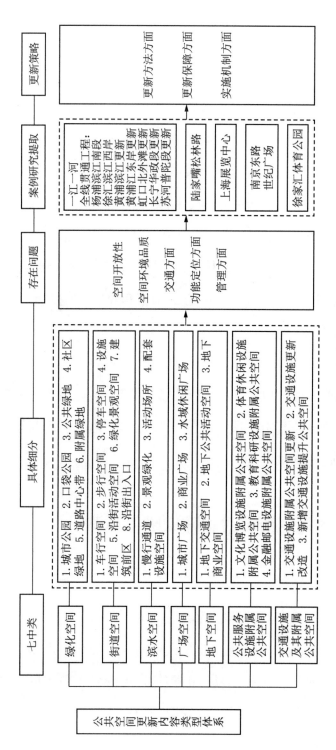

图 4-3　公共空间更新治理策略研究的技术路径

作为陆家嘴最核心的区域，梅园片区急需进行全面的环境更新与品质提升。此次更新从空间上塑造与陆家嘴当代的国际品质相适应的风貌特色与功能完善，从服务上强化 15 分钟生活圈各项社区配套及完善公共设施，从景观上优化人民城市和人民生活环境，塑造极具特色的重要标志性风貌与特色形象。以樱花道、咖啡文化街道等为特色亮点，提升区域的整体吸引力、创造力和竞争力，全面优化街区的功能和环境。通过系统性设计和精准实施，最终将松林路打造成一个具有特色文化和高品质生活体验的示范街道，成为陆家嘴街道文化魅力和城市品牌的鲜明例证。

（二）发展历程

松林路所在的梅园片区有着丰富的历史背景。清咸丰末年，传说一支太平军途经该区域时因酷暑难忍，经过梅林时食用梅子解渴，从而使得这一地区得名为梅园。

20 世纪 70 年代后期，开始大规模地建造新村住宅，因梅园宅在群众中留有深刻印象，故新村仍以梅园命名。20 世纪 80 年代起，由市政建设公司进行市政动迁用房的建设，参与单位包括上海船厂、上海港务局等。至 1992 年，共建设多层住宅 356 幢、高层 7 幢，总建筑面积达 77.06 万平方米，并建有梅园公园，提供居民休憩和游乐场所。

从 1980 年开始，征地新建住宅掀起高潮。在 1990 年前，新辟居住区主要分布在浦东大道和浦东南路两侧的沿江地区。1990 年浦东新区建立后，在原居住区外侧又新辟一批居住区，总共 32 个，其中包括"六五"期间辟建的梅园片区。随着时间的推移，梅园片区已有逾 30 年的历史，老旧住区品质较差，影响陆家嘴整体风貌。根据《浦东新区街道整体提升打造精品城区专项行动计划》，新区各街镇充分利用资源优势，推动精品城区建设，注重特色亮点的打造。陆家嘴街道根据《璀璨陆家嘴建功引领区三年行动计划》，继续推进松林路的精品城区建设。

（三）问题挑战

1. 街道界面方面

在沿街立面方面，松林路沿街立面存在多种风格、色彩和年代的建筑，这些建筑中有的因年代久远而品质不佳，有的则因与周边环境不协调或缺乏维护管理，导致脏污、杂乱和突兀等问题。这些问题主要体现在建筑外墙面、门窗、雨棚、空调外机和晾衣竿等方面，尤其是住宅楼作为街道立面空间的主要组成部分，其整体品质对区域风貌的影响较大。部分底商门窗和店招店牌也存在风貌不佳的问题，影响了行人对街区的直观感受。

在沿街平面方面，松林路的街道平面品质存在显著差异，部分路段由于缺乏维护管理，铺装品质较差，多有破损，铺装衔接处理也较为粗糙。此外，区域内非机动车停车区仅采用划线形式，品质不佳，井盖未做隐形处理，影响了街道的整洁度。树池铺装缺乏维护，掉砖现象普遍，影响了街道平面的整体美观和使用功能。围墙和街道细节上，现沿街围墙品质较差，需要整体优化提升。街道细节处理如铺装衔接和非机动车停车区的规划均需进一步完善，以提高整体环境品质。

2. 空间绿化方面

原有景观绿化色彩单一，缺乏视觉吸引力，整体美观性不足。日常养护工作不到位，绿化设施破损严重，影响绿化效果和街区整体形象。沿线垂直绿化较少，行道树种类结构单一，景观效果欠佳。松林路原有的青桐行道树存在根系浅、抗台风能力差、易发生病虫害及观赏性差等问题，未能满足现代街道绿化的需求。可考虑将行道树更换为樱花树，其在具有较好观赏性的同时，还能适应当地的气候条件。更新需充分考虑景观特点、行车通行和安全等因素，加强日常养护和绿化设施的维护，改善空间绿化品质和效果，提升松林特色街道的整体吸引力。

3. 风貌塑造方面

当前街区的城市色彩主题性不明确，建筑立面、路面、植物和城市家具的色彩存在不协调现象。部分建筑立面色彩不协调，路面色彩杂乱，植物色彩单一且缺乏季节变化，家具色彩杂乱，未有系统规划。此外，路口、转角、天桥下等特殊位置作为展示区域风貌特色的重要节点，其整体品质不佳，风格杂乱，未能形成整体特色的风貌环境。

现有街区内虽然具备一定的咖啡文化氛围，但这一特色未能充分利用。未来应考虑打造一个以咖啡文化为主题的街区，精细化设计围墙和街道景观，将咖啡文化融入街道的整体风貌中，形成独特的场景氛围。通过主题化的设计和提升，增强街道的文化吸引力和特色。

目前公园整体较为老旧，且游乐设施的主题性不明确，导致整体活力不足。虽然街道拥有一些品质较好的绿地和口袋广场，但其利用率不高。应充分挖掘这些空间的潜力，结合空间场地关系，注重场地特色与功能需求，释放绿地及公共空间，打造一个开放共享的花园城市街道景观。

4. 城市家具方面

目前街区的城市家具如座椅、垃圾箱、岗亭、设备箱、电话亭、公共艺术设施等，普遍缺乏文化创意和艺术美感。岗亭样式普通，缺少文化内涵和视觉吸引力；垃圾箱设计单一，未能体现区域特色；设备箱外立面存在污损，色彩和布局与环境不协调，影响整体视觉效果。雕塑的颜色老旧，设计缺乏艺术感；活动设施破败且利用率低，亟须更新和改进。

公共设施与市政设施方面，公共厕所的样式和品质不佳，垃圾箱沿街随意放置，影响市容整洁；交通护栏缺乏风貌特色，未能有效融入街区整体设计。部分市政设施老化陈旧，缺乏文化创意，影响周边居民的生活环境和城市品质。现有灯光照明主要以路灯为主，部分绿化区域和围墙上设置了树灯和壁灯。沿街围墙的灯光照明不足，未能有效提升夜间街区的安全性和美观度。

（四）更新策略

1. 保护更新方法

（1）问题导向出发，明确街道控制性设计导则

规划设计从整体思考，问题导向出发。以地毯式、多界面、全方位的要求，对城市街道公共空间存在的问题进行梳理排查，明确设计对象形成影像拼合长卷与分类问题梳理的负面清单。在列出街道负面清单的基础上，对街道要素进行更为全面、精细的分类并形成完整的设计导则。在街道要素上，将街道要素划分为八大类、四十七项，分别对每一大类和每一小项进行现状的整体和局部的研究，并逐一判断控制引导方向，从而有针对性地制定每一类每一项的总体控制原则的

分项控制细则，为街区的设计提供有效的引导和控制。

以沿街立面—出入口为例，现状存在区域内多数出入口破损严重、品质不佳，设计单一、缺乏特色，色彩风格杂乱、影响街区整体氛围风貌等问题。控制原则为：出入口大门样式、材质、色彩和细节需讲究品质，工艺精美，宜采用铁艺和木质的深色大门，增强出入口大门设计与所附属的建筑风格协调度。出入口大门设计结合各院落和主体建筑的功能满足其安保、隐私等特殊需求。出入口大门表面不得张贴商业广告。

以空间绿化—行道树为例，控制原则依据《城市道路绿化规划与设计规范》对行道树进行维护管理。综合评估梳理现状行道树的间距、生长情况，对长势不佳、密度过密的行道树可考虑适当移栽，对间距过大的行道树考虑适当补植相同树种的植物。加强对行道树防虫害、防寒等保护措施，根据树木树龄、树种特性，同一路段、同一树种应通过修剪保持枝下高、树形等要素基本保持一致。结合道路特点、周边业态，调整部分樱花、银杏等特色景观树种，形成特色景观树种路段。

图 4-4　松林路特色樱花大道更新前后对比

（REF：上海交通大学城市更新保护创新国际研究中心、上海安墨吉建筑规划设计有限公司）

（2）发掘场地特色，规划塑造主题定位

深入挖掘松林路的道路街区特点，将场地的文化特色与现代街区更新需求相结合，通过系统化的整治与创新设计策略，全面应对街道的痛点问题，并满足现代社会对功能性、舒适性和可持续性的多重需求。通过优化街道的空间布局、提升绿化环境、改进城市家具配置和增强公共设施功能，提高整体环境品质，创造一个兼具美学和实用性的城市空间。最终将松林路打造成为一个具有鲜明主题和独特个性的魅力街道。松林路作为展现城市文化的生动例证，是居民互动交流的核心场所和文化活动的中心，同时提升区域的吸引力和市民的生活质量。

（3）制定品质节点设计方案

从现状分析入手，基于问题导向明确街区街道的控制性设计导则，深入了解规划中既有的控制要求及亟须解决的问题，并制定松林路"一线十八点"品质节点设计方案。通过对松林路沿街界面、街道风貌、空间绿化、城市家具、重要空间节点和公共设施等方面的整治与品质提升，激发场地活力、提升景观质量，营造具有吸引力和功能活力的整体街道环境，为居民提供休闲、交流和互动的多功能公共空间，打造具有人性化、宜居性和可持续性的慢生活街区。具体设计节点如下：

路内停车智慧化管理：从传统停车管理的"收费员蹲守模式"转换为中心化管理，以更高效、文明的方式管理路边停车，提升城市管理面貌。采用高清摄像设备，对驶入、驶出车辆的车牌进行信息采集，车主扫码自助缴费，节约人力。

松林咖啡文化品质街：陆家嘴作为上海最具代表性的地标性区

域，时尚高端一直是她的名片。更新工作充分挖掘区域特色文化等资源，规划塑造每一条路的主题定位，例如，松林路—咖啡文化品质街，将陆家嘴咖啡文化引入街区，借由咖啡这一具有代表性的文化符号，激活区域的活力。设计上以场景打造为提升手法，在沿线围墙上组织设计了一条咖啡风貌长廊，利用现有建筑，引入咖啡业态，规划布局共享花园外摆。为市民塑造了一条可互动、可休憩、可欣赏的漫步街区。

图 4-5　松林路咖啡文化街道更新前后对比

（REF：上海交通大学城市更新保护创新国际研究中心、上海安墨吉建筑规划设计有限公司）

"老年友好型""认知友好型"主题街区：为践行人民城市理念，落实 15 分钟生活圈建设的要求，更新设计充分考虑了老年友好与儿童友好型街道的建设。利用现有建筑空间，置入老年食堂及认知花园，便利老人的日常生活，也为他们提供了一个可以共享交流的活动场地，改善老年人的人居环境。具体在功能策划中，关注老年人认知症问题，打造"认知症友好社区"；在街区内合理布置社区餐点，满足老人日常就餐问题；活动功能置入，打造老年友好的认知花园。引入特色种植花箱，为老人提供日常园艺活动场所。

迷乐公园：尽管周边为居住区，但仍然有不少品质较好的绿地、口袋广场等可利用的公共空间。更新工作充分利用现有资源，结合空间场地关系，挖掘人文资源与功能需要，释放绿地及公共空间，塑造空间开放共享的花园城市街区景观。设计置入了"迷乐公园"儿童主题公园，以迷宫的形式，串联多类型的儿童互动装置。

2. 实施机制

专业把关。运行成熟的社区规划师制度，发挥社区规划师、社区治理"专家学者会"、风貌保护经验丰富的企业等专业团体优势，担负专业控制、精细设计、工程实施等职责。依托邻里中心空间载体，组建社区规划师团队，聘请精品城区建设政务顾问，配合管理部门打造宜居、绿色、智慧、个性化的精品城区。

社会参与。充分发挥三会制度和社代会等自治议事平台功能，由街道牵头邀请区域企事业单位、沿街商铺、居委会、业委会和社区居民代表共同参与到方案讨论、常态治理等环节中，让使用者参与决策，将治理程序前移，提升群众的参与感和获得感。

（五）经验总结

特色文化植入，打造文化品牌。松林路更新过程中，街道植入了咖啡文化这一独特元素，通过主题墙、移动咖啡馆等形式，赋予街区

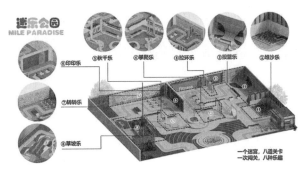

保留现状**大乔木**，梳理中低层绿化，**清理**冗余**绿篱**，开阔视野，并充分利用围墙。

保留活动**功能**，增添休憩**游乐**设施，设定迷宫主题，串联多元类型场地，满足**多年龄层**活动需求。

保留场地内**电信杆**及鱼水情**置石**，并结合设计艺术化处理增加**咖啡馆**，强化整体区域咖啡**主题特色**。

图 4-6　迷乐公园更新设计

图 4-7　迷乐公园更新前后对比图

（REF：上海交通大学城市更新保护创新国际研究中心、上海安墨吉建筑规划设计有限公司）

全新的文化内涵。通过深度挖掘咖啡产品"情绪价值"，将咖啡文化
与运动、环保、创意等元素相结合，成功打造了具有文化辨识度的街
区品牌，助力陆家嘴街道形成"一园、一街、一节，一区多点"的全
域咖啡产业发展框架，不断提升区域整体品质。特色文化植入、打造
文化品牌不仅增强了区域的文化吸引力，也为后续的城市更新提供了
可复制的文化植入模式。

专业团队深度参与，保障更新品质。松林路街道更新中，社区规
划师等专业团队的深度参与为项目保驾护航。通过提供规划策划咨
询、工程设计把控、实施过程协调、引导公众参与等服务，确保了更
新工作的科学性和高质量。专业团队的介入，不仅提升了更新的执行
力，还通过推动公众参与，增强了居民的归属感和满意度，推动城市
空间微更新和社区改造整体水平提升，为城市更新的可持续发展奠定
了坚实基础。

多方共建，实现高效治理。松林路更新的成功在于广泛的社会参
与和多方共建。政府、企业、居民等多方主体共同参与，在实践中
形成"政府主导、多方参与""政府引导、企业主体"和"居民自治、
多方共建"等城市更新模式，松林路实现了全断面、全要素的街区升
级及公共空间的高效治理，充分展现了"人民城市人民建、人民城市
为人民"的理念，为未来的城市更新项目树立标杆。

建立长效机制，创新智慧治理。松林路更新注重长效机制的建
立，成功构建了网格化管理与社区志愿者相结合的治理体系，提高日
常管理效率，有效保障街道环境品质的长期保持。通过"1+3+X"基
层数字化治理框架，街道实现了精细化管理和智慧化提升，形成可持
续发展的典范。这种创新治理模式为其他城市更新项目提供了宝贵的

借鉴，也为陆家嘴街道的未来发展奠定了坚实基础。

二、滨水空间更新实践：上海市"一江一河"全线贯通工程

（一）基本概况

黄浦江与苏州河见证了上海百余年的城市发展历程，是未来上海提升城市能级和核心竞争力的重要承载区。《上海市城市总体规划（2017—2035年）》中提出将上海建设成为具有世界影响力的社会主义现代化国际大都市，将黄浦江打造为世界级城市会客厅，将苏州河打造为具有历史底蕴和人文情感的生活水岸。《黄浦江沿岸地区建设规划（2018—2035）》《苏州河沿岸地区建设规划（2018—2035）》中提出，将黄浦江沿岸建设为国际大都市发展能级的集中展示区，将苏州河沿岸建设为特大城市宜居生活的典型示范区。《上海市"一江一河"发展"1045"规划》提出，将"一江一河"滨水地区打造成为人民共建、共享、共治的世界级滨水区。

黄浦江两岸地区研究范围为黄浦江核心区段杨浦大桥至徐浦大桥之间45公里滨水公共空间（两侧岸线总长度），以及腹地第一街坊公共空间区域，包括浦东新区、杨浦区、虹口区、黄浦区、徐汇区等5个行政区的滨江区域。苏州河两岸地区研究范围为苏州河核心区段，即苏州河—黄浦江河口至外环高速之间42公里滨水公共空间（两侧岸线总长度），以及腹地第一街坊公共空间区域，包括黄浦区、虹口区、静安区、长宁区、普陀区和嘉定区等6个行政区的滨河区域。

黄浦江、苏州河，上海的"一江一河"岸线公共空间贯通工程陆

续推进。继 2017 年底黄浦江核心段 45 公里岸线贯通开放之后，2020
年底苏州河中心城区 42 公里岸线也实现基本贯通。

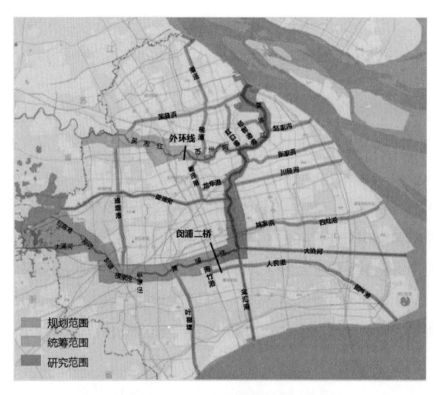

图 4-8　"一江一河"研究范围示意

（REF：上海市黄浦江苏州河滨水公共空间条例）

（二）发展历程

自 1842 年上海被迫开埠以来，上海近代城市空间的形成与黄浦
江、苏州河有着紧密的联系。进入 20 世纪，社会经济的迅速发展，
上海的城市建设进入了前所未有的繁荣时期，城市土地的价值在这一
时期得到了充分展现。

1. 黄浦江两岸公共空间发展历程

第一阶段：2002—2010 年。2002 年 1 月，市委、市政府宣布黄

浦江两岸综合开发启动，黄浦江两岸地区开发正式上升为全市重大战略。2004年初，上海启动了国际客运中心项目和外滩风貌延伸段的整治工作，黄浦江两岸的基础设施建设加快推进。土地收储和出让有序进行，耀华地区等部分地块开始拆迁，北外滩和原卢湾沿江等开发单元陆续出让。市政设施和滨江绿地项目相继开工，外滩隧道、人民路越江隧道等交通设施及东昌滨江绿地等绿化项目进入集中建设阶段。并借助世博会的契机，黄浦江两岸公共空间建设加速，完成了世博园区周边及黄浦江水域的环境整治和美化。

第二阶段：2010—2020年。"十三五"期间，黄浦江两岸发展面临新的形势和挑战。一是面临中央全力推进生态文明建设带来的新机遇，二是面临全球城市目标背景下城市功能布局调整的新要求，三是面临提升城市品质打造世界一流滨水区域的新阶段。为应对这些变化，上海于2016年至2017年启动了"黄浦江核心段45公里公共空间贯通工程"，开展了《黄浦江两岸公共空间贯通开放规划》的编制，大幅提升了滨水空间的质量和效益，成为国内滨水区高质量发展和精细化建设的样板。

第三阶段：2020年至今。"十四五"期间，黄浦江沿岸地区聚焦功能发展、公共空间建设、生态环境提升、文旅发展、水路交通建设、精细化建设与管理六大方面，旨在基本建成体现现代化国际大都市发展能级和核心竞争力的集中展示区、文化内涵丰富的城市公共客厅和具有区域辐射效应的滨水生态走廊。

2. 苏州河两岸发展历程

20世纪初，随着上海人口的增加和工业的迅速发展，大量生活污水和工业废水排入苏州河，导致河水污染。从20世纪20年代开始，苏州河水质逐渐出现黑臭现象，污染问题不断加剧，环境状况持续恶化。1996年，上海市委、市政府启动了苏州河沿岸地区的功能调整规划，配套建设了相应的基础设施和大量绿化景观。

1997年，上海全面启动苏州河环境综合整治，成立苏州河环境综合整治领导小组，开展了共4期的苏州河综合整治工作。第一期整治以清除苏州河干流黑臭及与黄浦江交汇处的黑带为主要目标。第二期整治范围扩展至整个流域，重点是稳定水质并改善两岸的绿化环境。在此期间，上海还启动了"万河整治行动"，聚焦镇村河道的治理。第三期整治的重点转向改善水质和恢复水生态系统，治理范围进一步扩大。第四期整治的核心任务则是全面提升全流域的水质，并实现苏州河两岸滨岸带的贯通与景观提升。

2020年，苏州河两岸42公里滨水岸线基本实现贯通开放，黄浦、虹口、静安等城区也依托各自资源优势，沿苏州河两岸公共空间分别打造了以"上海辰光、风情长卷""最美河畔会客厅""新老时空对话"为主题的滨水风貌带。如今，苏州河沿岸工业用地转型成功，苏州河的水质已达到 IV 类水，苏州河沿岸公共空间已到了城市更新和提升品质的发展阶段。

（三）问题挑战

在交通系统方面，存在滨江骑行道与实际情况不符，缺乏亲水性的问题，部分次级道路存在安全隐患，步道设计缺乏多样性和活力。滨水功能方面，部分办公场所拉远了人与水的距离，造成腹地与滨水之间的联系不足。风貌特征方面，杨浦段部分风貌层面特征缺失，黄浦段风貌建设则主要集中在外滩一段。在空间品质方面，不同改造周期导致滨水环境差异较大，主要表现在滨水公共空间的开放程度和建筑界面的整体感上，且部分路段的人造隔离物阻碍了开放空间与水体景观之间的视线可达性。此外，某些路段的建筑界面对滨江的回应受到建筑改造的限制，部分施工场所周边滨水空间较为消极。滨水景观的设置水平不一，部分路段铺地、绿地及小品设置过于简单，缺乏特征。

在空间活力方面，空间发展差异化不显著，整体空间活力不足。在服务设施方面，部分设施的功能较为单一，部分区段的标识系统也不够完善，设施的美观度未能有效体现滨江文化精神。在社会治理方面，管理运作效率仍然较低，缺乏政府统筹协调机制。同时，在节假日或活动举办期间，管控力量显得不足。这些因素共同影响了区域的整体功能与发展潜力。

（四）更新策略

1. 总体规划设计策略

（1）"2+5"发展目标

2个总目标：黄浦江两岸地区基本建成体现现代化国际大都市发展能级和核心竞争力的集中展示区、文化内涵丰富的城市公共客厅和具有区域辐射效应的滨水生态走廊；苏州河两岸地区初步建成超大城市宜居生活典型示范区，基本建成多元功能复合的活力城区、尺度宜人有温度的人文城区、生态效益最大化的绿色城区。

5个分目标：一是努力打造高品质的滨水公共空间，二是努力打造文化内涵丰富的城市公共客厅，三是努力打造城市核心功能的重要承载地，四是努力打造功能复合的蓝绿生态走廊，五是努力打造滨水地区精细化治理示范区。

发展形态上，从航运时期的"城市锈带"，向提升综合活力的"城市客厅"转变。开发模式上，从外延式的"大拆大建"，向注重品质和内涵的"城市更新"转变；战略能级上，从单一的"上海制造"，向能级更高的"滨水创造"转变。

（2）统一管理，理念延续

将两条母亲河纳入统一管理，便于相互学习经验。黄浦江岸线贯通采用"整体谋划、分步实施、有序推进"，苏州河管理延续了这一理念。黄浦江岸线各区情况不同，需要结合实际进行创新，苏州河管理延续了这一做法。

（3）共通的配套服务功能

作为公共活动空间，"一江一河"也有共通的配套服务功能。浦江两岸正在增加服务站点，不断整合资源，满足人们的基本需求。浦东岸线空间疏朗，服务站点以新建为主，在22座"望江驿"内，市民可以充电、饮水、休憩、读书等。浦西岸线、苏州河两岸空间紧凑，服务站点以既有建筑改造为主。

2. 黄浦江总体策略

（1）承载新需求，黄浦江沿江产业积极转型

例如虹口滨江，北外滩发展日新月异，积极导入会务会场等业态，打造世界级"会客厅"。又如徐汇滨江，中央广播电视总台长三角总部、腾讯、湘芒果等标杆企业相继落地，围绕文化科创，推动区域综合开发。

（2）积极转型，审慎思考

例如昔日的"工业锈带"杨浦滨江，并不急于引入产业。杨浦滨

江保留了许多工业遗存，历史价值很高。重点聚焦于能够匹配工业建筑空间的新业态，以及重焕建筑生命力的更新方式。

3. 苏州河总体策略

（1）扩增公共活动区域，充分释放步行空间

例如虹口岸线的北苏州路正从机动车道改为慢行道，仅保留上海大厦、上海邮政博物馆两个机动车出入口；华东政法大学段开放步道不到 1 米，将进一步拓宽；西苏州路沿线（长寿路至昌平路段）改为单向交通，释放更多步行空间。

（2）亲水性改造

受到防汛墙标高限制，中心城区很多区段临河不见河。苏州河针对不同区段，采用不同方式进行亲水性改造。有一定腹地的区域，设置高低两级的二级防汛墙。人气足、商业氛围好、景观要求高的区段，考虑参照国外成熟经验，采用平时开敞、汛期封闭等多种应对方式。

4. 黄浦江：徐汇滨江西岸更新策略

（1）更新规划与模式方面

一是规划引领，整体规划整体开发，经过 10 年建设，已建成近 9 公里沿江景观岸线、50 万平方米公共开放空间、10 万平方米亲水平台，形成"西岸传媒港、西岸智慧谷、西岸金融城、西岸创艺仓、西岸枫林湾"的总蓝图。二是文化先导，注入更全球、更年轻、更时尚的文化，与传媒、互联网、设计相结合，要更符合年轻人的生活想象。三是生态优先，在徐汇滨江的建设中要将生态环境保护落实到位，努力建设成宜居、文明、现代化的世界级滨水开放空间。四是优先释放滨江带稀缺的公共区活力，为提高徐汇滨江的公众参与度与活跃度，上海西岸选择"还江于民"，将稀有的滨江步道资源释放，以

带动人群聚集效应，并为后期场地艺术活动、商业消费、产业入驻等提供人群基础。五是公共空间与产业空间双向升级，徐汇西岸同步开启的南拓工程，全面升级西岸交通设施，以沿江有轨电车、水上巴士南线、龙华直升机场等构建起水陆空立体交通。六是公共空间文化建设，徐汇西岸创先锋开辟了美术馆大道，龙美术馆、余德耀、SCOP、西岸艺术中心、香格纳等，成为网红打卡地。工业遗存还包括煤渣漏斗、北票码头、龙华飞机库、机场跑道、油库等。七是公共空间服务设施完善，8.4公里已开放的徐汇滨江岸线设置22处水岸汇，间距约800—1000米，为市民游客提供卫生设施、休憩空间、充电设备、寄存服务、活动服务、咨询服务等功能。徐汇滨江将"水岸汇"打造为具有网络化和标识度的服务站点，有卓越水岸品质，有西岸文化特色，更有生活服务温度的公共服务品牌。

（2）更新体制与机制方面

确定"市区联手、以区为主"的建设机制和"政府主导、企业主体、市场运作"的开发原则。国有独资企业上海西岸投资发展有限公司经徐汇区人民政府授权，负责徐汇滨江地区综合开发建设与后期的运营管理。其下属的滨江开发公司，作为其职能部门负责开发建设工作。设立徐汇滨江综合开发建设管理委员会，明确各成员单位的主要职责及工作机制，总揽地区建设发展全局工作。管委会下设徐汇滨江管委会办公室，由西岸集团代持，统筹协调、推进任务落实，保障日常运行。

同时，徐汇区政府通过土地出租价格优惠的政策广泛邀请国内外著名收藏家、策展人、建筑师等入驻西岸，一同参与到"西岸文化走廊"的建设中。龙美术馆（西岸馆）和余德耀美术馆是最早在徐汇滨江落户的两家私立美术馆。在"西岸文化走廊"建设过程中，西岸集团作为徐汇区政府规划和开发徐汇滨江这个滨水旧工业区的操作实体，在宏观层面上对空间规划、政策扶持及人员引进等三个城市空间再生产过程中的核心要素进行了有效把控。

徐汇滨江深化智慧赋能，不断提升管理效能。徐汇滨江建立完成徐汇滨江公共开放空间"智慧水岸"建设项目系统，是最先实现智能化管理、最先建成并运行智慧平台管理的公共空间管理系统。

5. 苏州河：虹口北外滩段更新策略

苏州河虹口段从改造前期就针对范围内的滨水道路、建筑景观、绿化驳岸、民生业态与人文风貌做了翔实的调研与梳理，并结合苏州河总体改造目标，在区段内设定了"步行化、休闲态、全天候"的高品质滨水公共空间建设思路。整域规划设计建设分为"一岸4段"即"一岸最美河畔沿岸滨水+4大特色对应路段"，其中包括"滨水生活风情步行街、城市文化风貌通廊、酒店休闲游憩广场、活力花园观景平台"。

作为滨水生活风情步行街的河滨大楼段，修缮整治建筑立面，底层功能优化调整，打造高品质的滨水生活氛围。整体优化提升滨江绿化带，置入文化休憩活动，增强空间活力。以优秀历史建筑邮政大楼为背景的城市文化风貌通廊段，滨水空间与道路、建筑等整体优化，形成宜人的滨水游憩景观步道，滨水景观与步道相互连通、建筑与水岸形成整体格局。以沿线酒店服务功能为特色的酒店休闲游憩广场段，加大滨水平台与休闲服务功能的结合，将城市生活与旅游服务相互结合，为大众提供能轻松体验优质环境的休闲场所。依托上海大厦南侧滨江平台的优化提升，增加亲水通透性，增强空间活力，并打造以最佳视角欣赏陆家嘴与外白渡桥观景多层次全景观的全域视角大平台，使其成为虹口以滨水绿化、道路、建筑界面作为重要的多功能复合的城市休憩空间，虹口滨水门户。

实施北苏州路（虹口段）滨河空间贯通提升工程，实现苏州河虹口段的空间、生态、文化、景观全面提升。整体改造设计还突出了"共享、通达、活力、融合"四个要素：

"共享"：协调"禁机"，打造独一无二的共享街道。北苏州路原先道路狭窄，主要供车辆通行，且沿河人行步道宽度普遍不足 2 米，通行及休憩条件局促。为打造舒适、休闲的"慢生活"滨河空间，虹口区积极协调市交通管理部门和沿线单位实现了北苏州路（虹口段）全面禁止机动车通行，不仅拓宽了原有狭窄的沿河栈道，还进一步把道路空间还给慢行交通，为打造共享街道和后续商业开发创造条件。

"通达"：打通断点，实现全面通达、处处"看河"。短短 900 米岸线原有停车场、码头办公用房、变电站、水质监测设施等沿河而设，使得沿河步道存在断点，市民漫步只能绕行。为此，通过疏导车辆、置换办公场地、拆除电站和违建并改造保留建筑等措施彻底打通断点，把沿线所有的滨河空间都腾退出来，让市民能够畅通无阻地沿河漫步，360° 全方位感受苏州河的滨水魅力。

"活力"：水岸互动，营造多元复合的活力滨河空间。在打通断点的基础上实施景观提升工程，原停车场区域改造为"最上海记忆"的"花园广场"观景平台，原码头办公场地改造为"可进入、可解读、可体验"的公共服务空间，原狭窄的沿河栈道经拓宽改造并设置树阵和休憩设施，变成了舒适、通达的滨河步廊空间，串联起整段900 米岸线，形成"滨河步廊＋共享街道"的互动空间组合。

"融合"：因地制宜，做到历史传承与现代功能的融合。立足沿线优秀、丰富的历史风貌资源，深耕总体设计方案，注重传承和展现历

图 4-9　共享街道　河畔客厅

图 4-10　苏州河、黄浦江交汇处（外白渡桥—河南路桥段）北岸改造前后对比

（REF：上海交通大学城市更新保护创新国际研究中心、上海安墨吉建筑规划设计有限公司）

史文化内涵，创新协调现代城市生活需求与历史空间的融合，因地制宜构建"一岸四段"的和谐美景。"上海大厦活力花园段"依托上海大厦和外白渡桥，塑造苏州河"最上海记忆"的地标性空间；"宝丽嘉酒店休憩观景段"坐拥外滩与陆家嘴的极致风光；"邮政大楼风貌展示段"还原和展现国宝级历史建筑资源；"河滨大楼特色风情段"以历史民居建筑为基底，整合还原历史建筑风貌，协调现代生活氛围。

6. 苏州河：长宁华政段更新策略

（1）规划设计方面

设计旨在将华东政法大学这所"百年校园，苏河明珠"塑造成为苏州河沿岸最开放的公共空间、最高雅的历史风貌、最美丽的校园景观。通过保留保护空间格局、历史建筑、景观环境的方式，打造别具一格的"园中院，院中园"的景观形式，将华政校园整体风貌作为苏州河沿线景观的一部分，将景色开放给人民。

滨河的设计充分挖掘现有资源，将原本相互独立的华政校园与滨河步道结合贯通，依托华政特有的中西合璧式的优秀历史建筑，以"凸显国宝建筑风貌，优化滨河景观品质；挖掘校园人文元素，激活滨河人文空间；保障校园界面安全，建立安保管理体系"三大设计理念为核心，对原本狭窄逼仄、景观单一、缺少公共服务设施的滨河步道进行全面梳理与重新布置，将原有单一的"人行步道＋植物绿化"的景观形式改造成为"校园景观＋共享空间＋滨河步廊"的全新模式。

具体的空间设计包括：拆除或整治风貌不佳、影响整体景观的建筑；扩大滨河区域面积，形成更多开放空间；通过展示国宝历史建筑，结合场地特征进行针对性景观设计；全面提升优化滨河景观，在满足防汛墙结构不变的前提下，抬高滨河步道，提升滨河景观视野。

深度挖掘华政历史人文资源，通过对防汛墙、地面及历史建筑立面置入展示华政历史人文相关的标识，打造富有人文气息的滨河景观步道；同时，通过智能可控的安防系统，在最大限度地将学校开放、为市民服务，并确保校园教育功能、师生教学秩序及安全。

（2）体制机制方面

长宁区开创"苏州河滨河区域一体化养护机制"的管理模式，统筹市政、河道、绿化、景观、环卫等各部门养护标准，打破传统养护模式和部门分工管理形式，将慢行步道、市容绿化环境、河道堤防设施统一整合，对苏州河长宁段全线 11.2 公里堤防及附属设施开展"一体化"巡查、保洁与养护；同时，集约化利用滨水公共空间的设施，集中统筹党群服务、便民服务、宣传、卫生、救援、设施管理等功能，形成"管理有序、监督有效、常态优良"的长效机制，打造更加宜居、宜业、宜游、宜乐的现代生活示范水岸。

图 4-11　华东政法大学苏州河滨水景观及校园空间开放前后对比

（REF：上海交通大学城市更新保护创新国际研究中心、上海安墨吉建筑规划设计有限公司）

（五）经验总结

1. 在更新规划层面

系统思考，规划引领，结合滨水空间所在区位、周边市民对其的需求，以及在城市空间中的定位，进行整体规划，打造一个连续、开放的滨水空间。突出地区特色，各区依据导则不同功能定位，因地制宜，打造富有特色的高品质滨水空间，根据不同区段的特色设置适应不同年龄人群的多样活动空间，实现滨水岸线的共享性原则。加强整体统筹，贯彻"人民城市"理念，一切都从人的实际感受和使用的角度出发，把最好的岸线资源留给市民，完善水陆一体化的综合交通系统。

提升空间品质，紧紧把握滨水区核心功能提升新机遇，着力构建高品质水岸空间新格局，保障滨水空间开放性，同时注入文化展示、体验空间、休闲驿站等公共服务功能，丰富和提升文化内涵和功能品质。完善配套设施，通过融入人文关怀和文化要素，构建起一个立体、周到的服务闭环，实现社会公共资源共享共建。力求开放化、公共化，以布置旅游、休憩、文体和体育等公共设施为主。焕发城市活力，注重艺术人文内涵塑造、历史的原真性保护，呈现人文维度、价值共识和情感关怀。

聚焦重点板块，以高品质滨水公共空间为引领，推动深度开发，优化功能布局，培育核心产业，打造城市地标，建设人民共建、共享、共治的滨水空间。形成全区域系统性、网络化的滨水绿地和公共空间。把握好上海城市发展从增量扩张到存量提质转型的新机遇，加快推进沿岸地区有机更新。

2. 在实施对策层面

加强统筹推进。各区政府、各部门和各牵头单位进一步建立健全市区联手、多元合作的工作机制和资源保障制度。形成滨水空间独有治理机制，优化整合招商运营管理机制，积极应对提升超大城市精细化治理能力的新挑战，发挥政府主导、市区联手、多元合作的体制优势和领导小组工作平台的统筹协调作用，全周期全要素协同、全民共建共治共享。

完善政策配套，推进滨水地区综合管理立法，加快专项规划编制，完善规划建设、物业管理、服务功能配置等管理标准。增加资金保障，形成"市区联动、以区为主"的资金筹措和财政支持体系，鼓励区域内各沿江、沿河单位、开发主体及社会资金参与滨水空间的开发建设。提升上海市主要滨水空间的管养标准，确保其品质的可持续性与高质量日常维护。

整合资源路径，构建"全区域统筹、多方面联动、各领域融合"体系，整合、利用、调动区域内的各种资源。将滨水空间更新向腹地纵深拓展，通过整体收储、整体开发、资金整体平衡，探索实施建设机制，促进融合发展。

三、公共服务设施附属公共空间更新实践：上海展览中心

（一）基本概况

上海展览中心亦称为上海展览馆，位于上海市中心静安区延安中路 1000 号。上海展览中心占地 9.3 万平方米，建筑面积 8 万平方米，其中建筑物占地面积 3.25 万平方米，剩余均为室外部分。有 42 个多功能展厅，100 多间会议用房，总面积达 10000 平方米的办公用房及影剧院、宴会厅、咖啡厅等。院内有一条环形道路将 6 片广场、1.5

万平方米的花园绿地、1000 多平方米的大型灯光音乐喷泉和 7 幢建筑串联在一起。大院南北有 9 个大门分别通向延安中路和南京西路。上海展览中心位于上海市中心黄金地段，是上海的标志之一，也是正式仪式和大型活动的重要场所。上海展览中心建造于 1954 年；1968 年，中苏友好大厦改名为上海展览馆；1984 年，改为上海展览中心；2005 年，公布为上海市第 4 批优秀历史建筑。上海展览中心也是首个列入上海优秀历史建筑保护名录的新中国成立后建造的建筑。

修缮后的上海展览中心坚持以人为本原则，优先考虑公众利益，扩展更多公共空间和绿色空间，用以服务市民和增强公共参与感。2020 年，启动了近 20 年来首次大规模更新改造，最大限度地把公共空间和绿色空间留给市民。市民游客可从延安中路或南京西路南北两端步入上海展览中心庭院，零距离感受优秀历史建筑和城区特色风貌，充分展现"人民城市"魅力。

图 4-12　上海展览中心开放南广场

（REF：上海交通大学城市更新保护创新国际研究中心、上海安墨吉建筑规划设计有限公司）

（二）发展历程

上海展览中心的前身为哈同花园，内园作为哈同私人的居住区，外园供社会名流、政要作临时居住和游玩，也不定时举办一些活动。1954 年 5 月，在哈同花园的旧址上建造中苏友好大厦，这是 20 世纪 50 年代上海市建造的首座大型建筑，也是新中国成立后上海建成最早的会展场所。1968 年中苏友好大厦改名为上海展览馆，1984 年改为上海展览中心，是上海的地标建筑之一，并于 2001 年进行了修缮更新。

2005 年，上海展览中心被公布为上海市第 4 批优秀历史建筑；2016 年 9 月，上海展览中心入选"首批中国 20 世纪建筑遗产"名录。2020 年起，上海展览中心启动了 20 年以来最大规模的大修，并陆续完成了对主体建筑的保护修缮。

2021 年，上海展览中心进行整体景观与开放公共空间设计的改造，包括启动建成以来最大规模"拆围栏"、绿化景观提升工程等，整个工程于 2022 年底完成。改造后的上海展览中心为市民提供了更多的休憩与交流空间，显著提升了场地的公共性与可达性。

（三）问题挑战

1. 公共开放空间不足

上海展览中心占地面积 9.3 万平方米，其中约三分之二为室外部分。原有公共空间虽然很多，但并不向市民开放，无法为市民所用。上海展览中心原封闭铁门和南部外围主要铁护栏将整个展览中心与城市分割开来。

2. 休憩设施不完善

上海展览中心的原有休憩设施不足，未能有效满足市民和游客的多样化使用需求。原有设施无法适应不同类型的展览、文化活动和社交活动，限制了空间的功能性与多样性。尤其是休闲空间、座椅及标识系统等基础设施不够完善，导致访客在游览过程中感到不便，影响了整体体验与互动交流的质量，进一步制约了场地的活力与吸引力。公众缺乏驻足停留、休闲交谈的公共空间及配套设施。

3. 绿化布局与历史建筑景观呈现之间存在矛盾

上海展览中心的景观布局及植物配置欠缺对于如何呈现历史保护建筑和庭院风貌特色的考虑。例如绿化植被配置不当，导致建筑的重要景观立面受到遮挡，或者降低了空间的视觉连贯性，忽视了公众游览视野的开放性与可达性，限制了游客的全面感知。

（四）更新策略

1. 更新方法层面

（1）整体规划，公共空间开放提升

秉持"以人为本"的理念，上海展览中心按照"一次规划、分步实施"的开放计划，优先增加公共空间与绿色空间，为市民提供更加友好和丰富的游览体验。对整体进行系统更新，确保空间布局合理，便于游客流动。同时进行植被梳理，优化绿化空间，增加绿植覆盖面积。对铺装进行提升，确保地面平整且易于行走。优化城市家具，提供更多舒适的休憩设施，使游客在参观过程中可以方便地歇息。完善整体的标识系统等，提供清晰的导览标识，方便游客了解展览内容和活动信息。

（2）打开围栏，保持风貌

原封闭铁门替换成了低矮可移动的铁艺电动移门，同时，沿街植被增加了精致修剪的模纹草，沿街围栏则巧妙地隐匿于沿街植被中。从半开放到全开放，同时保持了这一"组团式建筑"的历史空间格局和风貌特色。整个建筑所处区域，呈现清晰的轴对称中央大厅、友谊会堂，由环形柱廊连接，在空间上形成清晰的 4 个组团——东花园、西花园；东庭院、西庭院。未来整个区域按功能将划分为：景观区、休闲区、互动区、绿植区、停车区。在非重大任务和经营活动时段，每天 7 时至 22 时对外开放。除了南北两侧的广场，东西两侧还将新添两处花园。上海展览中心建成以来最大规模的"拆围栏"工程。

图 4-13　上海展览中心东花园更新前后对比图

图 4-14　上海展览中心西花园更新前后对比图

（REF：上海交通大学城市更新保护创新国际研究中心、上海安墨吉建筑规划设计有限公司）

（3）功能提升，活力注入

上海展览中心在公共空间更新中致力于功能提升和注入更多活

力，以满足市民和游客的多样化需求。设计多元化的活动场地，以适应不同类型的展览、文化活动和社交活动。划分灵活的区域，支持举办各类大小规模的活动，从艺术展览到社交聚会都可以在此举办。设立社交互动区域，提供舒适的座椅、休闲空间，鼓励人们在此交流休憩。在靠近延安中路的公共活动空间增设市民服务中心，提供咨询、导览、零售、展示等服务；对休闲区东、西两个花园进行升级改造，引入花园咖啡座。在区域东北角，与锦沧文华一墙之隔的停车场区域，规划建设市民广场，与南京西路商圈深度融合，打开上海展览中心沿南京西路界面，提升步道品质形成漫步休闲林荫道和活动空间。优化建设公共空间游览动线，进一步完善广场区域内的整体标识系统，营造舒适、友好的新市民空间。

（4）植被梳理，优化景观

上海展览中心在公共空间更新中通过植被梳理和景观优化，打造宜人、绿意盎然的环境，提升游客的整体体验。进行生态景观规划，创造有机的植被布局，形成自然而又和谐的景观。突出东西花园一动一静的主要特色，大幅度提升市民游客的沉浸式体验。在景观设计中运用自然材料，如木质结构、自然石材等，与植被相互融合，形成自然的景观氛围。对整体院落进行植被梳理、铺装提升、座椅坐凳设施优化。优化建设公共空间游览动线，进一步完善广场区域内的整体标识系统，营造舒适、友好的新市民空间。针对公共空间的全天候属性，在植被梳理中设置合适的休憩区，提供舒适的座椅和休息空间，让游客可以在绿荫下休息。园林集团在夜景亮化方面，优化草坪灯、庭院灯，应用激光投影射树灯工艺，带来更具特色的夜间景观。

2. 实施机制方面

（1）多方协作，统筹推进

在上海展览中心的公共空间更新项目中，多方协作、统筹推进是至关重要的，参与主体涉及市政府、规划部门、环保部门等多个相关方。在各方的合作与沟通中，以上海市委、市政府为主导，上海静安区人民政府和上海展览中心有限公司联合多家设计单位，包括上海安墨吉建筑规划设计有限公司、上海建工旗下上海园林集团有限公司、上海建工旗下上海市建筑装饰工程集团有限公司协同推进，确保不同部门之间的协调和整合，建立协同工作机制，促进信息流通和资源共享，确保各个方面的协调一致。与社会组织、文化机构、企业等建立紧密联系，充分利用外部资源。鼓励社会各界参与到公共空间更新中，促使更多元的观点和资源进入项目。实现各方的有效协同推进，确保上海展览中心的公共空间更新项目能够综合考虑各方利益，达到共同的目标。

（2）一次规划，分步实施

按照"一次规划，分步实施"的开放计划，上海展览中心的公共区域开始逐步向社会公众开放。更加注重市民、游客的感受度、体验度，加快"开放友好"的脚步，为市民提供一个"可漫步、可阅读、有温度"的宜人城市公共空间，给市民提供更深层次的品质休闲服务。将整体开放划分为若干个可行的阶段，每个阶段都有具体的目标和任务。设立每个阶段的时间表，合理分配资源，确保按时完成关键阶段性任务；并与各相关部门、机构、社会组织等合作，制定全面的规划方案，提高整体管理效率，确保公共空间更新项目在各个阶段都能够有序、有力地推进。

（3）分区域分时段常态化开放管理

上海展览中心通过分区域分时段的常态化开放管理，实现了不同功能区域在不同时间段内的高效利用。室外开放部分包括景观区、休闲区、互动区、绿植区和停车区五大功能区，各区域根据不同的活动需求和人流特点进行灵活管理。在举办重大活动时，特定区域会优先用于活动，而其他区域则灵活开放；在非重大任务和经营活动时段，展览中心对社会公众开放。同时，展览中心设置了多个进出通道，包括延安中路和南京西路，方便市民从不同方向进入场地。分区域分时段的管理模式不仅提高了上海展览中心的开放度，也确保了在服务品质不受影响的情况下，最大化满足公众和活动的需求，提升了整体空间的利用率和访客体验感。

（五）经验总结

坚持以人为本理念。推进人民城市建设，把握人本价值，丰富城市空间的新功能，把更多公共空间、绿色空间留给市民群众。设计休闲区域，包括座椅、草坪、儿童游乐设施等，满足不同年龄层次的需求。考虑通行性、无障碍设施等，确保空间对全年龄层次和能力水平的市民友好。优化空间布局，便于市民流动，营造步行友好环境，各方向均可步入，零距离感受历史建筑和城市特色。由此不断释放上海展览中心的文化功能和会展功能，打造公共活动新区域，彰显城市地标艺术人文和绿色开放的软实力。

强调公众参与的重要性。在规划初期引入公众参与机制，鼓励市民提出意见和建议，并定期收集反馈。通过深入的用户研究，了解市民的生活习惯和偏好，以确保公共空间能够满足实际需求。同时，在设计和建设中注重可持续性，以提高空间质量，确保未来持续发展。

持续管理，有效治理。设立专门管理机构，负责规划、维护和日常管理，包括活动组织、安全保障等。建立定期维护计划与巡检机制，及时发现和处理设施设备问题。建立有效的市民沟通渠道，定期组织座谈会、听证会等，及时了解市民意见和反馈，增进互信。定期评估公共空间的使用情况和管理效果，并根据市民需求反馈与社区发展灵活调整管理策略。通过灵活设计，提升精细化管理水平，保证广场能够应对常态化管理、特大活动、疫情等多种情况。通过建立健全的管理机制、持续的公众参与机制，有效实现持续管理和有效治理，创造宜居、友好的城市公共空间。

第四节　公共空间更新策略总结

通过总结提炼公共空间更新中绿化空间、街道空间、滨水空间、广场空间、地下空间、公共服务设施附属公共空间和交通基础设施附属公共空间，共七种类型的更新实践优秀经验，下面将从更新内涵、更新方法、更新政策、实施机制等方面提出策略和建议。

一、公共空间更新的内涵及重要性

明确公共空间在城市更新中的定位。公共空间作为城市公共生活的载体，是人们社会活动的主要场所和市民与城市关联的主要纽带，融合了城市的使用功能、表现形式和文化内涵，在市民活动、服务包容、文化表达和城市生活品质等多方面发挥着重要的作用。公共空间是城市更新的重要组成部分，对整个城市更新改造建设活动起着至关重要的决定性作用。

明确公共空间的更新原则。在进行城市公共空间更新行动时，需践行"人民城市"重要理念，始终遵循以民生需求为先，充分体现人民意愿的基本原则。确保所有人都能进入公共空间。通过对公共空间的更新，将城市生活的魅力转变为物质环境的魅力，以人在公共空间中的活动和体验充实空间氛围。优化区域功能布局，塑造城市空间新格局，加强基础设施和公共设施建设，提升服务水平，不断满足人民日益增长的美好生活需要。面向未来的公共空间更新应该从聚焦"功能与空间"转移到聚焦"使用者和场所"上来。

加强公共空间更新在城市更新中的重要性。以公共空间改造提升带动城市更新，对公共空间的认识再提升，明确其开放性、可达性、大众性、功能性。发掘、利用城市中原先被忽视的公共空间，如既有闲置地、设施附属空间等。城市公共空间更新将成为落实上海市城市更新条例、探索超大城市治理方式、推动城市高质量发展的有力抓手。

二、城市公共空间更新的策略与方法

把市民需求摆在首位，充分梳理现状。结合空间特性，确定前期调研的主要方向，进行全方位现状调研，对更新内容充分分析、精细研判，多方积极沟通，形成有针对性的更新方案。确保满足市民基本需求，同时结合时代需求、历史的经纬、未来的期盼，结合公园城市、美丽街区、"15分钟社区生活圈"等要求，明确该空间优势，挖掘其特色，完善地区配套，强调活动多样，满足全年龄段使用者的要求，从而凸显全区域活力与魅力。

多方专业力量支撑。在更新行动前，引入第三方视角和专业力量，积极听取各主体、市民、专业人士的意见，从各方面对公共空间进行整体更新提升规划。在更新过程中应积极协商，搭建专业实施平台；更新完成后，应建立起与各类人群实时沟通的平台，如依据规划师给出的相关导则引导居民充分了解更新内容，并一同监督，随时对更新内容共同讨论研究。

科学规划，合理布局，精细设计。充分利用城市碎小空间、城市灰空间等原先被忽视的城市公共空间，打造城市里的方寸之美，部分解决高密度城区市民对公共空间的需求。更新行动中需对更新场地进行重新梳理，优化布局，进一步提升市民使用体验。同时在完善各类公共空间的核心功能的基础上，重视其可达性、开放性、功能性、公益性，以彰显城市地标艺术人文和绿色开放的软实力，在更新中创新，促进城市公共空间整体品质全方位提升。

完善配套设施。包括公共服务设施与配套商业设施、设施全面优化提升、城市家具优化、完善整体标识系统等，增加服务功能，提升服务品质，综合考虑全年龄段使用者的需求，实现社会公共资源共享共建。

制定管养标准。根据实际情况制定管理、养护标准。在日常管理、人员配置等方面明确管理部门和职责；增加安保人员数量、巡逻频次，增加保洁力量等。对公共空间更新后各要素实施命名和名录管理，明确标准经费和周期，一区一则。

以点带面，区域全方位综合发展。将上海城市公共空间更新与其他城市更新内容相结合，全面提升城市空间品质。城市公共空间更新只有起点、没有终点，在更新时应考虑将来再更新的可能性，应根据市民需求的转变进行实时更新，创建市民反馈平台，积极听取市民意见，及时对不合理的城市公共空间进行再度提升。

三、上海城市公共空间更新的政策与机制

高起点定位，顶层方向明确。践行"人民城市"重要理念，落实上海市"十四五"规划要求，加快推动城市更新，建设宜居城市、绿色城市、韧性城市、智慧城市、人文城市，积极完善城市空间结构和功能布局，打造高品质城市公共空间，完善基础设施和公共服务设施，持续提升城市魅力和城市服务水平。

多方协同形成完整制度体系，确保相关政策实施。加强各单位协同，综合管理立法，细化政策和制度机制，加快专项规划编制，为上海城市公共空间更新提供政策依据。在政策研究和制定时，制定者们一定要开展深入的调查研究，提高科学决策的公众参与度，与市民实际需求相匹配，做到有用、管用、实用，各单位之间需加强合作，确保发布的各项政策条例，对上海公共空间更新的指导是形成合力而不是互不相容或相互抵消。

整合资源路径。做到全区域统筹、多方面联动、各领域融合，职能部门、市场主体携手努力，充分协调多区域多部门的资源整合、利用、调动，统筹安排城市空间、资源、环境、人力资源等要素。

财政支持体系完善。形成"市区联动、以区为主"的合理资金筹措和财政支持体系，并激励企业共同参与，鼓励区域内各单位、开发主体及社会资金参与城市公共空间的更新建设。

多方协力，推动公众参与。动员和组织市民参与到城市公共空间的更新行动中来，推动"自上而下"与"自下而上"形成合力。

聚焦重点区域，分区形成指引导则。各区在进行城市公共空间更新时，应对公共空间划定不同区域范围，聚焦重点区域与问题，建立由政府领导、规划和自然资源部门牵头，多部门协同、市民广泛参与、专业力量支撑的工作机制，结合各区域、各公共空间类型的特征，形成有针对性的指引与导则，指导公共空间更新行动。

第五章
产业园区转型更新类型与策略研究

　　本章深入剖析产业园区转型更新类型，划分为三中类、九小类；选取莫干山路 M50、英雄金笔厂作为代表性案例，总结提炼每一类型的更新策略；从更新的方法、政策、机制等方面，提出不同更新类型的策略和建议。

第一节　产业园区转型更新类型

　　在城市更新和产业结构调整的背景下，产业园区的转型与更新成为提升城市竞争力和推动经济高质量发展的关键举措。按照用地性质与功能转变的特点，将上海市产业园区转型更新的类型归纳为：用地性质不变功能不变、用地性质不变功能转变以及用地性质转变，共三种类型。

图 5-1　产业园区转型更新类型分类

一、产业园区转型更新类型

（一）用地性质不变功能不变

　　此类更新类型有：园区环境提升，如金桥万科中心，以园区景观设计、流线设计为主，提升园区办公环境，因办公环境质量需求，优化景观系统、优化园区流线；改造、新建建筑，如漕河泾越界产业园区为适应新兴产业用房进行翻新、重建，提升开发强度对原有工业用地进行新建再开发。

（二）用地性质不变功能转变

　　此类更新类型有：完全保护式工业遗产更新，如莫干山路 M50 采用"保护工业历史建筑＋工业风貌街坊"的更新方式，在建筑层面，对立面和建筑内部进行改造，在园区层面，保护园区肌理和风貌；部分保护式工业遗产更新，如静安新业坊，部分保留，部分新建，其中保留厂区重复利用，新建部分同步配套产业空间需求；不完全保护式工业遗产更新，如长宁幸福里，对建筑和风貌有较大的调整，利用配套服务激活产业用地和城市片区。

（三）用地性质转变

此类更新类型有：M-B（工业用地到部分用地改商办），如宝山新业坊，调整园区部分地块用地性质，转变为服务园区的商业用地，以商业服务园区，增加园区活力；M-C65/M4+B（研发用地+商办），如御桥软件园，调整工业用地性质为教育科研用地和商业商办用地，为适应园区发展，对单元地块控规作调整，适当提升容积率；工业区转型为城市社区的整体更新，如吴淞工业区，通过区域整体城市设计、保护工业遗产特色、工业遗产再利用和工业用地转型制度设计，实现整体转型、保护利用、逐步更新、政策创新，构建独特工业文化景观的绿色创新城区；以提供配套基础服务的产城融合发展的整体城市更新，如张江高科，通过提供保障住房、增加公共服务设施、优化公共空间、发展综合交通，以产业园区向外扩展用地，同时不断调整规划结构，从产业园区拓展到创新城市副中心。

二、产业园区转型更新体系

基于产业园区转型更新的类型，将上海产业园区保护更新细分为三中类、九小类。

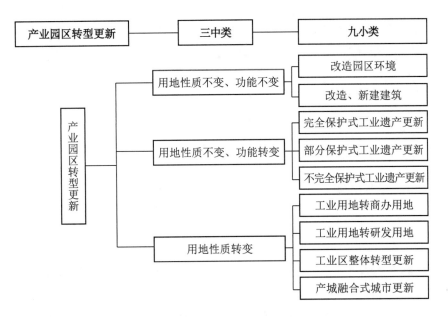

图 5-2 产业园区转型更新类型体系

第二节 产业园区转型更新存在问题

在区域规划层面，包括制定区域产业战略规划、确定城市园区定位及转型需求等。存在问题主要为：需要制定全市产业布局，促进区域发展，错位竞争；需要梳理、激活部分低效、空置用地、用房；需要寻求区域、园区的差异化问题，制定不同策略。

规划设计层面，包括多领域、类别的产城融合规划，以及经济、社区、交通专项规划等。存在问题主要为：难以解决产权和规划历史遗留问题；规划设计需要融合产业、发展、社区和城市生活为一体；需要制定全面的区域内专项规划。

更新主体层面，包括参与主体制度设计，以及政府和市场资金参与等层面。存在问题主要为：产业园区更新主体模式仅以政府为主导；存量产业用地更新渠道受限，市场参与活力不高。

更新程序层面，包括更新审批程序公平化，流程法定化，以及更新分类清晰化，更新机制创新等方面。存在问题主要为：政府部门需要建立评估—管理—实施的管理机制；建立相关产业用地更新评估标准、改造标准和技术要求等。

园区发展层面，包括完善的政策机制、更新机制设置。存在问题主要为：产业园区的"服务"优势需提升。

第三节　产业园区转型更新实践

对产业园区转型更新的三种类型分别进行具体细分后，找出存在的问题，研究以下案例的优秀更新策略并进行经验总结，从更新方法方面、更新保障、实施机制方面提出相关的政策建议。

在案例选取方面，研究依据不同类型的更新主题，在用地性质不变、功能不变中选取了金桥万创中心、怡和纱厂、张江国创案例；在用地性质不变、功能转变中选取了莫干山路 M50、静安兴业坊、长宁幸福里案例；在用地性质转变中选取了力波啤酒厂、英雄金笔厂案例。

下文将选取用地性质不变、功能转变的莫干山路 M50，用地性质转变的英雄金笔厂作为代表性案例，从基本概况、发展历程、问题挑战、更新策略、经验总结五方面展开具体阐述。

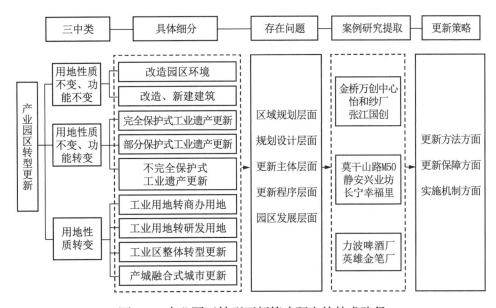

图 5-3　产业园区转型更新策略研究的技术路径

一、用地性质不变，功能转变更新实践：莫干山路 M50

（一）基本概况

M50 创意园，位于上海市普陀区莫干山路 50 号，濒临苏州河，前身为上海信和纱厂。自 1939 年开始生产，直至 1999 年停产转型。随后，大量年轻艺术家入驻，其厂房空间为艺术和创意产业提供了摇篮。2011 年被命名为 M50，并成为上海首批文化创意产业园区，园区完整保留了工业遗产历史建筑及工业遗产街坊的整体风貌。M50 创意园凭借其深厚的工业遗产背景、完整的建筑风貌和优越的景观条件，已然成为艺术与创意的热土。

（二）发展历程

上海 M50 创意产业园大致可分为三个发展阶段。第一阶段是早

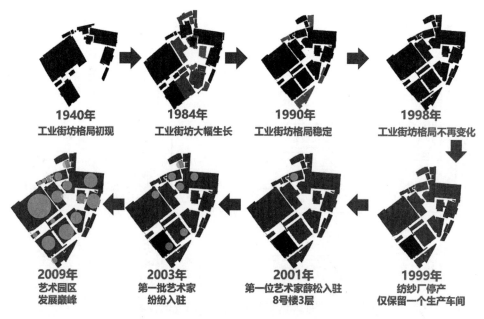

1940年   1984年   1990年   1998年
工业街坊格局初现   工业街坊大幅生长   工业街坊格局稳定   工业街坊格局不再变化

2009年   2003年   2001年   1999年
艺术园区   第一批艺术家   第一位艺术家薛松入驻   纺纱厂停产
发展巅峰   纷纷入驻   8号楼3层   仅保留一个生产车间

图 5-4　上海莫干山路 M50 发展历程

（REF：上海安墨吉建筑规划设计有限公司）

期文化艺术产业发展和工业遗产去留博弈，第二阶段是文化艺术产业蓬勃发展，第三阶段是工业遗产与城市空间融合发展更新。

第一阶段是产业发展和工业遗存去留之间的冲突（1999—2003年）。在城市发展的早期阶段，随着新的产业兴起，出现对旧有工业遗存的冲突。伴随着城市经济结构的调整和转型，城市发展需要为新兴产业让出空间，原有的工业设施、建筑即将被废弃或拆除，M50园区内部兴起的是文化艺术创意产业，是当时上海还缺少的产业类型。2000 年，M50 开始转型为艺术创意园区，并逐渐崭露头角。自21 世纪初开始，艺术家如薛松、丁乙等，以及中国首批当代艺术画廊如香格纳画廊、东廊艺术等，纷纷选择进驻莫干山路 50 号园区。同时，苏州河整治的成功为滨水空间再开发带来了新的契机，M50

地块也列入普陀区再开发区域。但是，艺术家提出要保留该区域作为以文化艺术为核心的创意产业区。经过多次协调，2003 年，上海市规划局基于 M50 艺术创意产业的自发聚集现状，对所存在建筑及艺术创意功能予以保护，同时明确划定该片区内的建筑予以保护保留，用作文化艺术创意功能，并调整了控制性详细规划，这一决策为 M50 的保留提供了法律依据，同时为文化创意的发展提供了空间与保障。

　　第二阶段是文化艺术产业蓬勃发展阶段（2004—2016 年），工业遗存转变为工业遗产。随着时间的推移，M50 的工业设施、建筑逐渐被重新评价，并被视为具有历史和文化价值的工业遗产。这一阶段的 M50 也见证了文化艺术产业的崛起，认识到了工业风格的艺术区、创意园区的潜在附加价值，人们开始将工业遗存转变为文化和创意空间。这种转变不仅有助于保存城市的历史，还能够推动文化创意产业的发展。2004 年，M50 登上《纽约时报》杂志，被评为上海十大时尚地标，被推荐参观游览。同年，上海市经信委正式认定 M50 为上海市第一批创意产业园。2007 年，上海市规划局编制《普陀区长寿社区控制性详细规划（编制单元 C060102）》，规划要求地块内保护建筑不计容积率，保留建筑 1.6 万平方米。2008 年，信和纱厂旧址中有 9 栋历史建筑列入第三次全国文物普查不可移动文物。到 2010 年，已有近 10 位各国领导人到访 M50，世博前后，越来越多的艺术家和相关企业选择入驻园区，形成了一个充满活力和创意的艺术社区。

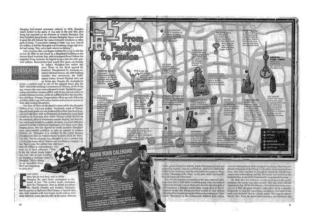

图 5-5　2004 年《时代周刊》

（REF：上海安墨吉建筑规划设计有限公司）

图 5-6　普陀区长寿社区地块规划控制性指标

（REF：《普陀区长寿社区控制性详细规划（编制单元 C060102）》）

第三阶段是工业遗产和城市空间协同更新。2016 年，M50 被公布为上海市第一批风貌保护街坊，其中有 9 栋历史建筑被列为保护建筑。M50 作为苏州河畔的小尺度的工业风貌街坊的典型代表，呈现出现代工业遗产以及中国当代艺术的发源地的双遗产价值。

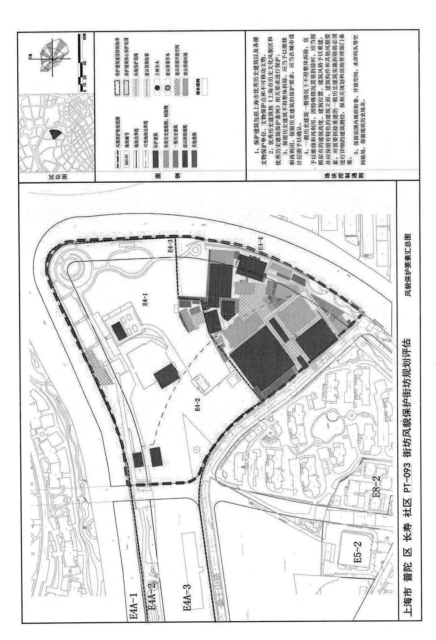

图 5-7　风貌保护要素汇总图

（REF：上海安墨吉建筑规划设计有限公司）

（三）问题挑战

1. 工业遗存保留、文化创意产业发展与房地产开发之间的冲突

M50 创意园的前身春明粗纺厂因各种原因停产，随着时间的推移，厂区内的租金逐渐下降，低廉的租金和宽阔的厂房空间吸引了众多文化艺术和创意设计相关的企业和个人进驻，形成了一个文化艺术与创意设计的聚集地，厂区产业功能开始逐步转变，当代艺术文化创意产业初具规模。

然而，普陀区政府对 M50 及其周边地区进行了规划。该规划将 M50 的一部分用地划定为滨水绿化用地，其余部分则作为开发用地，M50 可能面临拆除和重建的风险。当时专家普遍认为，M50 内的厂房多为 20 世纪 50 年代至 60 年代建造的普通建筑，缺乏显著的保护和保留价值。许多厂房已出租给印刷厂和服装加工厂等作商业用途，因此对于 M50 中哪些厂房应被保留，存在较大争议。与此同时，M50 的上级主管部门——纺织控股集团认为，在一定程度上保留这些厂房将有助于艺术家的使用，并能够解决部分职工下岗后的生活问题，因此支持在短期内充分利用 M50 以产生经济效益。

一方面，M50 作为文化艺术与创意设计的聚集地正逐渐形成，国有企业希望保留；另一方面，政府规划的开发与改造规划有可能导致既有工业遗存拆除与遗失，矛盾争议较大。

在 M50 的更新改造过程中，开发与保护之间的利益冲突愈加显著。开发方往往追求经济效益的最大化，倾向于通过重建和增建来提高土地的商业价值，增强经济效益。而保护方则强调历史遗存与新产业发展的重要性，呼吁对老厂房进行保留与修复，推动文化创意产业的发展，以维护其文化价值和历史记忆。这种对立使得各方在利益分

配上难以达成共识。

2. 艺术创意产业发展与商业发展之间的矛盾

M50 在初期吸引了大量艺术家和文化创意企业的入驻，但随着园区知名度的提升和区域价值的上升，后续存在商业化趋势逐渐增强、租金上涨压力加剧等问题。这可能导致原本依赖低租金环境的艺术家面临生存困境，也有可能引发艺术与商业在空间利用上的冲突。甚至后期随着更多商业化项目的进入，艺术创意产业的核心功能可能被逐步削弱，甚至出现艺术家被迫离开、艺术退场的现象，削弱了 M50 作为文化创意聚集地的初衷和价值。这种矛盾是 M50 在更新前期就需要考虑到的问题。

3. 园区内部与外部空间环境优化挑战

2016 年，M50 及其周边街区被列为上海市第一批风貌保护街坊，其中 9 栋具有重要历史价值的建筑被列为保护建筑。这一认定使得 M50 的工业遗产和整体空间格局得到保护。然而，随着艺术产业和城市空间环境的变化，园区内开始出现新的问题和挑战。例如，基础配套设施呈现缺乏状态，需要进一步的投资和完善，需要管理者、入驻企业和相关机构共同努力，采取有效措施。

同时，随着城市空间环境质量的提升，M50 需要适应新的标准和要求。苏州河贯通工程的实施也对园区的内部和周边环境提出了新的挑战。在交通层面，M50 面临停车位布局分散、难以到达，公共空间被停车位占用，以及车行流线和人行流线交叉等问题。场地仅在莫干山路上设置了两个出入口，导致交通流量集中，易引发拥堵，同时限制了园区的开放性，对园区的活力和可持续发展构成了挑战。在景观层面，当时滨河岸线封闭，未呼应苏州河贯通工程的要求。在遗产保护层面，经过 2000 年初的保护后，M50 园区内的建筑还未纳入上海遗产保护体系范围内，仍需对建筑立面和内部结构、对园区内所有建筑逐栋进行初步综合评估。

（四）更新策略

1. 以产业发展为核心的保护策略

在 M50 已形成的艺术产业，对未来上海城市发展转型具有重要意义。将工业遗存转换为法定保护对象，明确划定其中若干处厂房建筑具有产业建筑遗产保护和再利用的价值，明确应该予以保留（并在之后进入不可移动文物登记表）。

2. 容积率奖励机制的政策创新

为实现城市的有机生长，兼顾开发和保护的各方利益，明确 M50 保留下来的建筑容量不计入该地区的新开发容量，以确保区域新开发的容量不减少。产业土地机制奖励，保持工业用地性质不变，遗产保护有效性，保留建筑容量不计新开发容量，艺术产业保护契约，鼓励区域艺术相关产业发展。[1]

3. 建立保护文化艺术产业可持续发展的治理机制

确保 M50 保留下来的建筑和空间是为创意而留为艺术而留，防止在艺术暖场之后，租金提高、商业进驻、艺术退场的不利循环。因此，为保障艺术与艺术家在 M50 持续存在，M50 厂区营运方以承诺书的形式保障艺术家的低租金使用，尤其是列出前期入驻、为当代艺术在上海发展作出贡献的艺术家清单，对他们的房屋租金十年内不涨

---

[1] 薛鸣华，王林：《上海中心城工业风貌街坊的保护更新以 M50 工业转型与艺术创意发展为例》，《时代建筑》2019 年第 3 期。

价（只增加 10% 的土地升值价）。[1]

4. 工业街坊风貌的整体保护与更新策略

（1）工业街坊的风貌保护与更新

制定风貌要素保护规划，以保护产业为导向，完全保护工业遗产为主，对园区工业遗产进行整体风貌评估后，提出保护工业历史建筑、工业风貌街坊。在保护的基础上优化功能空间，提升功能复合，在对园区整体风貌保护的基础上，对园区环境和城市环境进行整合设计，重新激活园区。

保护工业遗产建筑，在现存的工业遗留建筑中，从立面、屋顶、门窗、结构、环境等多方面给出评估后，对园区内每栋建筑分为三个等级进行评估，并进行保护性修缮。保护工业遗产风貌街坊方面，完整保留 1937 年至今建成的具有工业及艺术代表性和风貌特色的建筑及整体格局。街坊内景观条件良好，林木及立体绿化丰富，苏州河沿岸分布有绿轴，工业街坊小尺度特征明显，需要对有特色工业街坊进行保护。

（2）文化创意产业的保护与延续

最大程度地保留园区从 2001 年开始逐渐累积起的艺术产业和创意办公业态。通过这些画廊工作室，园区得以持续吸引艺术爱好者和游客，为艺术产业的发展提供了坚实的支撑。创意零售体验也是园区的重要业态，通过汇聚许多创意品牌和设计师的精品店，将独特的创意转化为实物产品，为消费者提供独特的购物体验。保护文化创意产业，满足保护文化产业的空间需求。

---

[1] 薛鸣华，王林：《上海中心城工业风貌街坊的保护更新以 M50 工业转型与艺术创意发展为例》，《时代建筑》2019 年第 3 期。

合理布局创意办公业态。主要集中在园区的中高层区域，为创意企业和艺术家提供了良好的工作环境，有助于激发他们的创造力和创新力。通过这样的布局，园区不仅保护了艺术与文化创意产业，还为其发展提供了必要的空间支持。

与上海市范围内的艺术院校建立了紧密的合作关系。从2015年开始，园区积极打造大学生创新创业平台，推出了一系列项目，如"大学生创业市集""M50生活美学课堂"和"社区微更新"等。这些项目不仅培养了大学生的创新创业精神，还为他们提供了展示和交流的平台。通过与艺术院校的合作，园区还为社区居民和白领提供了丰富的艺术课程。涵盖皮具制作、油画体验、当代陶艺、丝工艺、摄影、茶道等多个课程项目。

（3）工业街坊内外部整体空间环境更新

优化内部交通规划，提高交通组织效率。可以设置合理的停车区域、规划明确的行人流线等措施，确保车辆和行人的通行安全与顺畅。提高滨河空间的可达性和开放性，加强与周边社区的联系。例如，可以设置步行道、自行车道等，方便市民和游客进入滨河区域。同时，进行外部交通和内部交通流线设计。梳理停车位和公共开放空间多与车行流线及人行流线交杂的现状，整合整体交通流线优化疏导。增加出入口的数量，分散交通流量，避免过度集中。

深入挖掘现有的公共空间潜力，优化布局、提升景观，使这些空间更好地服务于园区内的企业和人员。积极补充和增加核心功能空间。建设更多的艺术展览空间、创意工作室、公共休闲区域等，以满足园区内企业和人员的多样化需求。这些核心功能空间的建设有助于提升园区的整体形象，吸引更多的人才和企业进驻。

加强与周边社区和城市的合作与交流，提高自身的开放性和包容性。可以通过举办各类活动、开放公共空间等方式增强与外界的联系，吸引更多的人流，提升园区的活力。

（五）经验总结

以产业发展为重的可持续更新保护。在 M50 的更新保护过程中，深刻认识到保护工业遗产的重要性，采取了以产业发展为重的可持续更新保护策略，可以实现工业遗产用地的可持续保护与发展有机结合。

在保护工业遗产的基础上，注重发掘和利用园区的产业资源优势，推动相关产业的集聚和发展。通过政策引导、资金扶持和平台搭建等方式，吸引了一批具有创新能力和市场前景的产业项目入驻园区，形成了以艺术与创意设计为主导的产业集群；并注重产业的可持续发展，加强与周边地区的合作与交流，实现资源共享和优势互补。[1] 通过以产业发展为重的可持续更新保护策略的实施，M50不仅保护了珍贵的工业遗产，也实现了园区的产业升级和发展，为社会经济和社会文化发展注入了新的活力。其在保护工业遗产的基础上，更加注重促进产业的发展，实现保护与可持续发展的有机结合。

鼓励工业遗产保护的城市更新政策。首先，充分利用容积率转移机制，确保土地开发总量的平衡。通过与政府和相关部门沟通协

---

[1]　薛鸣华、王林：《上海中心城工业风貌街坊的保护更新以 M50 工业转型与艺术创意发展为例》，《时代建筑》2019 年第 3 期。

商，将部分建筑物的容积率转移至其他区域，既保证了园区的整体规划，又实现了工业遗产的保护和再利用。其次，注重政策的创新和制定。在园区的更新过程中，积极与政府合作，推动相关支持文化创意产业的鼓励政策的出台和实施。这些政策旨在鼓励工业遗产的保护和城市更新，为园区的可持续发展提供了有力的政策支持。此外，在园区的后续运营中，也采取了相应的保障措施。与入驻企业建立了紧密的合作关系，为其提供全方位的服务和支持，确保园区的高品质运营。

工业街坊风貌保护与城市空间环境协同更新。首先，保留和修复了原有的建筑，尽可能地保护传统街道布局，保存重要历史文物等，以保持工业街坊的独特历史风貌。通过这些措施，不仅保护了工业遗产的物质形态，也传承了其历史和文化价值。其次，注重工业遗产与城市公共空间和社区的关联设计。通过开放和共享的设计理念，将工业遗产街区与周围的公共空间和社区融为一体，形成了一个开放、共享的街区。这样不仅提高了工业遗产的可见性和可及性，也增强了其与城市生活的互动和联系。通过实施将工业遗产与城市空间环境共同考虑的更新策略，不仅保护了珍贵的工业遗产，也与城市的公共空间和社区形成了有机的整体。

二、用地性质转变更新治理实践：英雄金笔厂

（一）基本概况

英雄金笔厂历史工业街区位于上海市普陀区桃浦科技智慧城南部，东至祁连山路、西至方渠路、南至桃乐路、北至永登路，总用地

面积约为 26500 平方米。英雄金笔厂作为中国民族工业著名品牌代表，其历史风貌工业建筑空间及优秀的非物质文化，完整地记录了民族工业的发展历程。作为中国首个"国"字号的轻工企业，它在不断发展中展现出了顽强的生命力。该厂保存了各个历史时期完整的工业厂房，是上海少有的记载着企业发展历史的工业街区。由于其保存的完整性，英雄金笔厂旧址为整个桃浦地区空间发展提供了坚实的基础。

英雄金笔厂所在的桃浦地区经历了综合型工业区转型提升的过程，围绕桃浦科技智慧城未来的发展，从文化、历史、生态等角度，进行规划建设，通过优化内容，进一步实现从工业区到现代化商业区的转型，成为城市更新与发展的典范。

（二）发展历程

第一阶段：工业发展起步（19 世纪末至 1956 年）。19 世纪末至 20 世纪 20 年代，我国自来水笔市场为美、日等国所垄断。五卅运动掀起了"抵制外货、提倡国货"的热潮，为民族制笔工业的诞生起了催化作用。1931 年，英雄金笔厂的前身华孚金笔厂成立，并于 1939 年注册"英雄"商标。1947 年，工厂改组股份有限公司，开设新民笔工场。1954 年，迁至桃浦工业区祁连山路 6 号（现祁连山路 127 号，即此次工业遗产保护厂区），建造新厂房，厂房风貌建筑景象完全保存至今。中国工业在半殖民地半封建社会的境遇中艰难起步，直至新中国成立，国家才逐步建立起自己的工业体系。众多关乎中国建筑发展历史的重要事件，都在工业建筑的演变中有所体现。新中国成立后，英雄金笔厂得到了国家的深度扶持、建设、整合。苏联对华援建时期，金笔厂的设计理念代表了当时最重要、最先进的工业文明及专项工业建筑设计理念。

第二阶段：工业扩张与整合发展（1957年至2016年）。1957年，华孚金笔厂提出了"英雄赶派克"的奋斗目标。1966年，经上海市轻工业局批准，华孚金笔厂改名为英雄金笔厂。英雄金笔的发展见证了我国的重大历史事件。英雄自来水笔在国内市场占有率一直保持领先地位，成为"香港回归、澳门回归、G20"等国家重要历史时刻的签字用笔，成为全国和各地党代会、人代会、政协会议的指定纪念用笔和企事业单位用于商务活动的礼品用笔。[1]

第三阶段：转型更新（2017年至今）。随着城市更新和产业升级，许多老工业区面临着转型和再利用的问题。英雄金笔厂的建筑和设备具有历史和文化价值，需要进行保护和合理的再利用。英雄金笔厂所在的区域可能存在经济协同发展的问题。通过英雄金笔厂的改造与更新，可以带动周边区域的发展，提升整个区域的经济实力和竞争力。

（三）问题挑战

随着城市化进程的快速发展，大量工业建筑、厂房面临着闲置、更新和拆除重建的转型需求。其中英雄金笔厂作为上海少有的记载着历史全部信息并保存完整的工业街坊，也曾面临厂区进行拆除的要求。

---

[1] 王林、薛鸣华、莫超宇：《工业遗产保护的发展趋势与体系构建》，《上海城市规划》2017年第6期。

工业遗产作为城市发展进程中的重要组成部分，拥有丰富而独特的时代意义、社会价值、历史价值、艺术价值及科技价值。它们共同构成的工业风貌、历史背景、生活形态和科技影响力都不同于历史文化风貌保护。上海城市历史文化风貌保护的体系在 2016 年前已经初步建立，但工业风貌街坊型的遗产并没有纳入保护体系。当时的保护体系更多的是关注历史建筑和传统街区，而街坊型工业遗产则被重视较少，工业遗产整体性保护意识薄弱。同时，对于工业遗产保护价值的认识不够深刻，"英雄金笔厂历史工业遗产街区是否需要保护？哪些要素应当被保护？"是当时面临的关键问题。在专家呼吁和政府支持的共同推动下，英雄金笔厂工业遗产的抢救性保护工作取得了积极进展。

（四）更新策略

通过全生命周期的工业遗产建筑、景观、整体街坊保护，非物质工业文化资本延续，新功能的引进和改造，昔日的"国民品牌"英雄金笔厂焕发新生。

1. 通过整体评估保护工业风貌街坊的空间肌理和风貌景观

2016 年，普陀区规资局委托上海交通大学城市更新·保护·创新研究中心对英雄金笔厂进行保护与再利用研究，提出上海英雄金笔厂保护的内容及主体框架，完整保留 1954 年的整体格局及至 1985 年建成的具有代表性和风貌特色的建筑，拟保留总建筑面积约 18996 平方米（1954 年建成建筑面积 10569 平方米）。

（1）建筑特色

保留部分的设计基于原有建筑尺度和空间尺度，延续小尺度空间相互穿插的肌理，打造更具亲和力的街区尺度。设计围绕"打造新区、传承历史、互联互通、人气场所"四个关键词展开，基于既有建筑，保留具有历史特色的建筑体量及细部构造，结合现代的材料及施工手段，完成了整体的保护性改造。

新建部分在建筑尺度和立面色彩上，与北侧地块的保留建筑呼应，延续了英雄金笔厂的风貌。同时，两栋高约100米和150米的塔楼建筑体量在竖向上的自然延续和生长，完成新旧结合的设计展现，成为区域性地标。错落有致的退台式塔楼设计提供了许多户外露台和绿色屋顶，最大限度地将西侧中央公园美景纳入塔楼建筑中。

U形厂房作为项目亮点，通过玻璃中庭巧妙地将两侧条形厂房有机连接为一体，成为整体高效的同层办公空间。建筑形式上，历史保留建筑与现代玻璃幕墙大空间在这里碰撞与融合。特色中庭的设计巧妙化解了工业建筑改造项目中面临的既有结构与新增空间整合的难题。该项目采用被动式优先的设计理念，通过在中庭植入加建功能空间，有效解决了室内采光与通风问题。在结构工程、设备配置、照明规划及装饰艺术等多专业的辅助作用下，昔日的旧厂房成功转型为高效的同层办公空间，实现了从传统厂房向现代办公楼的转型。

（2）空间肌理

英雄金笔厂旧址是集中成片的、空间格局和街区景观完整的轻工业厂区，其内部建筑从20世纪50年代到90年代的建筑既呈现了时间序列的完整性，又体现了建筑功能的完整性，有较高的历史价值和科技价值。每个工业建筑的增加过程，都在现状中得以体现。对英雄金笔厂旧址建筑群研究的演进，是对不同时期工业发展研究的补充、完善和升级。[1]

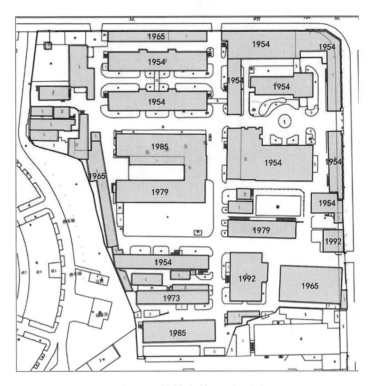

图 5-8　英雄金笔厂平面图

（REF：上海交通大学城市更新保护创新国际研究中心、上海安墨吉建筑规划
设计有限公司）

　　评估提出上海英雄金笔厂工业遗产保护的核心内容，并制定保护
控制导则。金笔厂以其独特的风貌、特色，以及风貌街坊的形式、规
模、完整性，形成这个区域的风貌街坊的概念，可以定性为保护的核
心。其核心内容包括物质层面和非物质层面：物质层面包括空间、格
局、建筑、交通、景观、环境等；非物质层面包括历史、人文、产业
贡献、相关荣誉、企业发展历程、品牌文化等。

---

[1]　王林、薛鸣华、莫超宇：《工业遗产保护的发展趋势与体系构建》，《上海城市规划》
　　　2017 年第 6 期。

图 5-9 英雄金笔厂

（REF：上海交通大学城市更新保护创新研究中心、上海安墨吉建筑规划设计有限公司）

（3）植被景观

金笔厂园区内现存景观资源丰富，这些繁茂植被不仅是重要的生态资源，也是历史的见证。英雄金笔厂的美学价值不仅在于其黄墙红顶的历史建筑，也在于厂区内的风貌景观。这些植物已经不是碎片式的绿化点缀，而是成系统的、与历史建筑相依存的独特景致。为设计运用丰富的绿色景观，对原厂区景观节点进行梳理，厂区内的百年香樟形成"一木成林"的景观。

2. 英雄金笔厂功能再利用与产业提升

基于对英雄金笔厂的文化内涵挖掘、市场机遇研判、物业选型以及竞合策略的周密策划，选择重塑英雄文化基因，构建上海"文化＋"战略的典范之作。在保留保护的旧址内，设置灵活多变的办公空间，保留历史建筑风格，并融入现代艺术及工业设计风格，满足文化创意产业需求。重点引入工业设计、环境设计、软件设计、建筑设计、艺术设计等设计类企业，打造西上海设计产业聚集地。在南区打造住宅、酒店、标准办公和商业等功能空间。

项目引入智慧园区设计理念，集聚了腾讯云微翎的先进技术应用，搭建 AI-PARK 平台，把云计算、物联网、大数据、人工智能、5G 等前沿科技融入智慧园区运营体系，将项目打造成低碳环保、信息智能、高效安全的智慧楼宇典范。

3. 成立国资、国企合资公司、实施鼓励保护政策

普陀区与临港集团的合作平台上海临港桃浦智创城经济发展有限公司，临港集团占股 55%，普陀区国资委占股 45%，通过招挂复合的方式拿到保留和新建用地。根据以上规划控制要求，从城市更新、保留再利用和产业需求等维度进行开发建设，同时打造成为中以（上海）创新园重要载体，实践高品质开发理念，集聚高端科创服务功能。

普陀区规资局委托上海市城市规划设计研究院进行《普陀区桃浦科技智慧城（W06-1401 单元）控制性详细规划 096、102 街坊局部调整（实施深化）》规划，实施深化对 096-03 地块新增英雄金笔厂的保留建筑和 096、102 地块相关内容的调整，并于 2017 年 7 月批复。

图 5-10　英雄金笔厂改造后的中以（上海）创新园

（REF：王康英摄）

（五）经验总结

全生命周期保护现代城市民族轻工业历史文化风貌、延续工业文化资本。英雄金笔厂的保护更新打破惯常的拆除新建的开发思路，立足规划引领、载体更新、产业导入三个基点。英雄金笔厂以"修旧如旧"的修复手法，更好地保留了原有建筑风貌，同时又引入新的功能，通过现代化、绿色化、智能化的建筑设计理念，更好地响应城市产业升级的要求，真正做到历史建筑的活化再利用。在加强对工业文化资本的挖掘和传承的基础上，鼓励企业和个人在工业历史文化风貌的基础上进行创新和发展，打造具有特色的工业文化产业。

市属与区属国企股权合作、共同更新保护工业遗产。通过国有企业之间的合作，可以实现资源互补，加速城市更新和产业升级。通过股权合作的方式，保证双方在决策和资源投入方面都有足够的发言权，可以实现利益共享和风险共担。

第四节　产业园区转型更新策略总结

通过总结提炼产业园区转型更新中用地性质不变功能不变、用地性质不变功能转变以及用地性质转变，共三种类型的更新实践优秀经验，下面将从更新方法、更新保障、实施机制等方面提出策略和建议。

一、更新方法方面

建立产业园区、用地评估机制。在全市范围内，建立产业用地评估机制，摸排产业用地、园区使用情况，根据产业用地产值等确定低效利用用地、闲置用地、闲置用房等，回收或收储低效使用土地。

现状系统梳理、区域整体研究。依据现状调研和研究，发掘规划范围内自然资源、用地资源、建筑资源，公共交通资源等其他现状情况，结合城市规划和产业规划定位，对区域规划发展结构整体调整。

增加生活配套，功能混合使用，促进整体区域转型。在产业园区转型中，从劳动密集产业转向智力密集产业、从工业区转向城市社区，进而带来的城市生活功能需求增加，应当重视居住、商业、教育、医疗、交通等生活服务配套功能的增补和提升。在园区和用地更新过程中，以产业发展为导向，按需合理调整产业发展需要的空间。针对新兴发展产业需求，除采用土地过渡期政策之外，还要明确在用地和园区中不同功能的占比；针对产业聚集而增加的产学研等服务产业发展需求，合理调整用地性质，调整规划容积率；针对产业区域转向城市生活区域，整体调整功能布局，增加如居住、商业、教育、医疗、交通等生活服务配套功能，激活区域发展活力。

注重人文社区建设，延续历史风貌。对于有工业遗产和工业风貌保护的工业区域，建立工业遗产保护体系，以工业遗产保护再利用为特点，进行有机更新、活力重塑。

二、更新保障方面

增加产业园区功能包容性，为支持新兴产业，建议产业园区明确留有一定的比例用于发展新兴产业。提容增效政策，对于产业发展有增加空间需求的情况，按照需求合理提升容积率。基于公共利益的政策支持，对于提升园区环境过程中增加城市公共空间、公共设施等情形，考虑合理提升容积率；鼓励较长的租赁年限，租赁年限要符合产业发展和转型规划方向，保证园区高质量可持续转型提升。

三、实施机制方面

多方合作，多元主体共治。加强政府、企业及运营等多方合作，共同推进产业园区的转型提升与持续发展。

利益协调、保障更新资金。建立利益共享机制，协调解决利益分配问题。通过城市更新基金、政府发债、PPP 模式、REITS（房地产信托）基金模式等多渠道、多元化的方式筹集城市更新资金。

政府监管。在园区转型升级中保证转型功能符合产业和园区发展核心定位。财税政策。对参与产业园区更新转型的企业，提供财税政策支持。

第六章
商业商办更新类型与策略研究

本章深入剖析商业商办更新类型，划分为三中类，九小类；选取安义夜巷、徐家汇商圈作为代表性案例，总结提炼每一类型的更新策略；从更新的方法、政策、机制等方面，提出不同更新类型的策略和建议。

第一节　商业商办更新类型

随着城市商业环境的不断变化，商业与商办用地的更新和转型成为提升城市活力、优化空间资源配置的重要途径。按照商业商办的空间特点，将上海市商业商办更新的类型归纳为：商业商办楼宇类更新、商业街区类更新和商圈类更新，共三种类型。

图 6-1　商业商办更新类型

一、商业商办更新类型

（一）商业商办楼宇类更新

此类更新类型包括功能不变类、功能转变类和单一功能转向复合功能类。功能不变类，如外立面改造，以上海世茂广场为例，通过裙房、公共区域、标准层、景观、机电系统等改造升级，提升租金，对外部公共环境进行提升；内部改造，以上海西康路 189 弄为例，通过商业室内空间进行声音、空间、社交改造升级，对内部空间环境升级；公共空间改造，以上海第一百货六合路改造为例，通过将市百一店和东方商厦南东店以连廊、天棚的形式合为一体，外部还包括六合路和飞梯等项目的改造，对城市公共空间环境提升。功能转变类包括酒店改办公和办公改酒店。凯腾大厦通过改造外立面和平面及机电系统，成为办公空间；上海电力公司总部通过对空置的优秀历史建筑再利用，完成功能的转变。单一功能转向复合功能类，如锦沧文华大酒店，通过更改建筑原本功能，从酒店转变为底层商业、二三层联合办公、上层为服务式公寓。

（二）商业街区类更新

此类更新类型包括步行商业街、半步行商业街和非步行商业街。步行商业街如南京路商业街东拓段，通过综合整治车流、人流、景观、店牌、路灯、座椅、铺装、街区颜色、建筑立面、造型等完成更新；半步行商业街如安义夜巷，通过分时段，商业街街道完成活化；非步行商业街如淮海中路商业街，通过公共空间全要素整治升级完成更新。

（三）商圈类更新

此类更新类型包括市级商圈、地区级商圈和社区级商圈。市级商圈如徐家汇商圈，通过空中连廊串联、多栋楼宇改造、功能复合和环境提升，完成了以公共交通节点更新为主的城市商圈设计；地区级商圈如曹家渡商圈，商圈连廊平台连接各单体建筑，通过提升整体商圈可读性和空间活力，用单体建筑平台连接、公共空间设计的方式完成更新；社区级商圈如杨浦勤海社区商业中心，从传统菜场到便民式的生活功能提升，提升社区功能复合度。

二、商业商办更新体系

基于商业商办转型更新的类型，将上海商业商办更新的细分为三个中类、九个小类。

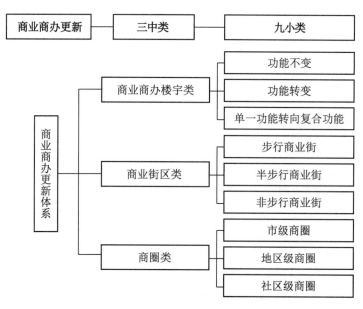

图 6-2 商业商办更新类型体系

第二节　商业商办更新存在问题

　　首先，消费理念升级，空间亟须转型。随着人们消费理念的转变升级，消费者对商品和服务的品质要求提升，商业空间需要提供更优质的购物体验和更丰富的商品选择。网络电商的兴起对实体商业空间产生了显著的冲击，这导致实体商业空间的需求减少。传统的商业商办空间面临着客流量下降和经营压力增大的挑战，需要寻找新的发展路径和转型策略。其次，部分商业商办建筑建造年限较长，外立面陈旧，存在商业建筑的内部空间设计流线不合理，内部设施老旧等问题，无法满足现代商业活动的需求。还有部分建筑产权权属关系复杂，增加了建筑的更新和改造难度。部分商业空间定位不清晰，在功能、服务、商品和内容上同质化现象严重。部分商业商办空间未能根据实际需求合理设置业态比例，影响商业商办的整体运营效率和顾客体验。最后，商业商办空间分布不均衡，具体表现在一些区域的商办空间供给过剩，空置率高，导致资源的浪费，商业活力和效率降低。而另一些新兴及发展中区域供给相对不足，无法满足日益增长的市场需求，限制了可持续发展。

第三节　商业商办更新实践

对商业商办更新的三种类型分别进行具体细分后，找出存在的问题，研究以下案例的优秀更新策略并进行经验总结，从更新方法、更新保障、实施机制三方面提出相关的政策建议。

在案例选取方面，研究依据不同类型的更新主题：在商业商办楼宇类别中选择上海第一百货六合路改造、上海电力公司总部改造、锦沧文华酒店改造案例；在商业街类别中选择南京路东拓、安义夜巷、四川北路案例；在商圈类别中选择徐家汇商圈、黑石公寓案例。

下文将在商业街中选取安义夜巷，商圈中选择徐家汇商圈为代表性案例，从基本概况、发展历程、问题挑战、更新策略、经验总结五方面展开具体阐述。

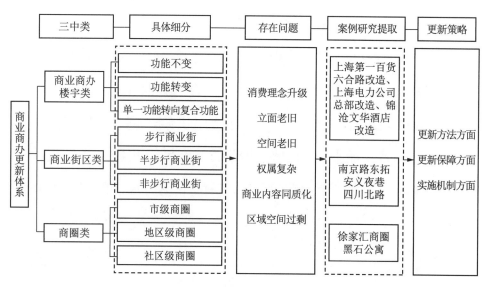

图 6-3　商业商办更新策略研究的技术路径

一、商业街类更新治理实践：安义夜巷

（一）基本概况

安义夜巷坐落于上海最具国际化特色的静安寺区域，具体位于安义路，东至铜仁路、西至常德路，全长两百六十多米。为促进城市夜间经济发展，静安区政府推动静安嘉里中心利用其南北区之间的市政道路，设立周末限定市集，联动国际品牌，举办特色活动，融合体验式创意，打造了"国际范""上海味""时尚潮"的周末及夜间商业街新地标，形成了商业氛围浓厚、文化环境与城市生活意象多元、深受百姓喜爱的周末步行集市，具有一定的示范效应。

（二）发展历程

2007 年，在上海静安嘉里中心建设初期，嘉里建设公司就计划更好地利用位于商业项目南北区中间的安义路。然而，将交通道路转变为步行商业街的做法，很难获得审批，该项目在当时并未实施。

随着城市生活水平的提高和城市高质量发展的要求，"夜间经济"开始作为都市经济的重要组成部分受到重视。2019年4月，上海出台《关于上海推动夜间经济发展的指导意见》，提出应借鉴国际经验，试点建设夜间分时制步行街；上海市商务委员会在《2019年本市商务领域消费促进工作要点》的通知中也提出了推动夜间经济发展、鼓励发展后街经济等要求。安义夜巷构想的提出，获得了政府各部门的大力支持，在多方共同的努力与推动下，2019年10月安义夜巷首次向市民开放，获得成功，被市民称为"上海最洋气的夜市"，成为全国性现象级热门地标。安义夜巷为静安嘉里中心带来显著的引流作用，商场区域的整体客流大幅增长。

2020年6月，为了进一步推动城市夜间经济的发展，上海启动首届夜生活节，安义夜巷第二季在主题与内容上进行全面升级，包括活动内容、夜间氛围、艺术文化、互动体验和社群文化等提升，并增加了迷你娱乐设施，以提供更加丰富多样的活动内容。

2021年，上海市商务委，静安区商务委、区市场监管局、区文旅局、区消保委，嘉里（中国）项目管理有限公司上海分公司（以下简称静安嘉里中心）共同启动"夜静安"生活节暨安义夜巷第三季活动，共持续20个周末，包括"早安"市集、Art艺术角、露天电影等。2023年，安义夜巷获上海"15分钟社区生活圈"优秀案例优秀创意奖。

（三）问题挑战

限时步行市集是商业空间新模式。传统的市集历史上多为自发性、自组织的形式，与正规商场相比，往往商品质量缺少保证，容易导致环境脏乱，以及由于缺乏管理造成秩序混乱、阻碍城市交通等负面影响。安义夜巷作为试点限时步行街，在初期建设过程中就需要避免夜间市集普遍存在的上述问题，同时还面临如何提质升级，促进街道空间活力，展示国际大都市"烟火气"的多元挑战。

一是限时步行街交通分时段管理的复杂问题。安义夜巷设立在城市支路安义路上，毗邻二号线和七号线的轨道交通站点出入口，且位于静安寺繁华商圈，日常人流量十分密集。作为静安区唯一一个市中心马路夜市项目，安义夜巷在周末开业时尤为繁忙。这种挑战不仅体现在人流的疏导上，也涉及车行交通组织的改变，车辆通行的系统安排，停车及导引等配套标识与设施的优化等方面，需要精心规划和有效的管理策略来确保人车交通的顺畅和安全。

二是商业市集的精细化运营管理问题。商业市集组织如何在确保安全的前提下，创造自身的特色，保持持续商业活力与吸引力。一方面要预防流量过度外溢而造成内卷，另一方面要避免落入商业同质化与业态活力不可持续，在短期内繁荣后迅速衰落的困境。

三是限时步行市集空间营造的经济可持续性问题。安义夜巷作为设立在城市市政道路上的周末市集，为了营造商业活动氛围，会临时搭建各种商业店铺和各类活动空间，这些设施必须在周末市集结束后及时拆除。这导致经营场所及其配套设施需要反复重建，每次都要投入大量资金，从而增加了商业的运营成本，造成投入与效益间的失衡。因此，如何在城市街道新型商业空间的营造中，采取创新的更新策略来确保可持续性，实现城市公共空间活力营造、商家经济可持续运营、满足百姓多元化需求等社会、经济、文化、环境、治理多方面平衡，是其面临的可持续发展挑战。

（四）更新策略

安义夜巷的更新重点是打造限时商业步行市集，在特定时间内实现城市道路向商业街道空间转型。安义夜巷设置在嘉里中心的南北区之间的安义路上，包括南区小广场，该区域的总面积足以容纳超过70个摊位。在周五晚上8点起取消车行，封道搭建，周六中午到周日晚上向市民开放，开放时间随季节和主题有所调整。自2019年开始运行以来，安义夜巷以其"高品质"和"潮流化"已经成为上海夜间经济名片和市民网红打卡地，具有极高的人气和社会效益。该限时商业步行市集成功的经验，可以从以下几个角度进行阐述：

1. 创新设立限时商业步行街，以交通组织协同化、精准化与智慧化，激活街道活力与夜间经济

城市中心区的城市道路分时段利用，打造周末限定开放的商业步行街。安义路在周五20点、周六周日以及国家法定节假日内改造为24小时商业步行街，临时性调整取消其城市支路车行交通功能，其间实施封路，并搭建临时商业及活动设施。在交通流线设计上，静安嘉里中心本身具有南北两区，且有二层连廊连接，规划将夜市人流入口分设在南北区商场，出口设在安义路道路两端（与铜仁路、常德路的交叉口）。周末车辆主要从铜仁路、常德路进入到商场停车场。同时，为了更好地吸引步行人流以及引导外部车流等交通组织，在安义路道路两端增设了巨大的步行街标识以及精细的交通标牌引导。

制定周边区域的交通组织预案。在实施这一策略之前，静安区政府对安义路开展周末限时步行街、夜间经济的可行性研究，以及对静安寺商圈周边配套道路的基础条件进行了详尽的排摸和研究。通过制定特殊的交通组织规划，以及在周边区域增加夜间停车位、出租车候客点、夜班公交线路等配套设施，完善周边的配套交通。例如，在常德路至嘉里中心东区车库出入口处，规划了临时上下客车位，并引入了智能化出租车候客站等配套标识，以应对夜间人流高峰时段的通行需求，增强夜生活聚集区以及周边动静态交通组织的协同性。交通管理部门加强对周末夜间临时封路车流疏散、临时停车点、商铺的进入与退出等问题的系统梳理与规划组织，在安义路限时步行街的两侧增派交通组织引导人员，以指导车辆在封路时段合理绕行。在常德路对面的街道也增派管理人员，以疏导人流和车辆，确保城市交通组织的顺畅和安全。

实行交通组织智慧化管理措施。为保证步行街安全与空间品质，事先制定人流疏导的交通紧急预案。安义路两端配备电子计数器，在人流量超过负荷时，将会触发应急预案。当每小时进入夜巷的人数超过 3500 人时，管理人员会引导部分市民和游客暂时前往嘉里中心或其他周边区域，稍后再返回夜巷，以此有效控制人流密度，降低拥挤程度。以智慧化的交通管理方法优化夜巷的运营效率，为市民和游客营造了一个更加安全和舒适的夜间活动场所。通过精细化的人流管理，能够更好地应对高峰时段的挑战，确保安义夜巷每位访客都能享受到高质量的商业步行街及夜市生活体验。

2. 强调主题化与沉浸式、体验性与品质化的外摆商业街

主题活动导向，促进商业文旅活动丰富多元。安义夜巷第一季主

要是设置外摆商业摊位的市集空间。市集的业态分布中占比最高的为工艺品零售业，约占 45%；排名第二的业态为餐饮业，约占 38%，活动娱乐类摊位约占 15%。后续第二、三季将商业街升级成为社交休闲的场所，从纯商业向文旅综合活力方向发展。根据季节和特定节假日的变化引入不同的主题，如沙滩主题、圣诞主题、假日野餐主题等，以提供多样化的体验。从业态、商家到展陈布置，都会根据主题变化，做到"常逛常新"。

体验式消费导向，激发居民消费潜力。在安义夜巷第二季中，为了提升消费者的参与感，增加了如花艺体验、有机农场、DIY 设计工作坊等新的互动元素。此外，还增设了迷你娱乐设施，定制美食、环保、运动等多样化内容。这些创新的互动摊位不仅吸引了众多的亲子家庭，也吸引了大量的年轻人。通过定期举办的各类演出活动，安义夜巷成功地吸引了各个年龄段的客户群体，从而实现了全客层的覆盖。以沉浸式、体验性为特征，为市民游客带来全新体验。

品质提升导向，展示国际大都市的烟火气。安义夜巷整体定位为打造年轻、时尚、潮流的限时商业街。上海静安嘉里中心是全上海国际化程度最高的区域之一，周边高档商务楼白领、大型购物中心游客，国际融入人口构成了多元的文化与生活方式。这些一定程度催生了安义夜巷热闹的花市、酒饮档口、欧洲风格的街边下午茶等等，形成了中西融合的海派风格与独特品质。

3. 艺术化、潮流化、IP 化的街区临时商业搭建

注重空间营造的艺术性，对视觉元素精心升级。安义夜巷致力于将"装置"与"艺术"相结合，以提升整体的视觉陈设效果。在色彩方案上选择了黄色、黑色和绿色作为主要色调，确保视觉呈现

的和谐统一和辨识度。此外，安义夜巷特别设立的 Art 艺术角，集拍照、艺术装置和街头艺术舞台于一体，在公共区域设置了许多霓虹灯灯牌，鼓励游客在休闲娱乐之余，"解锁自己的美，探索艺术的美"，这样的设计为市民和游客提供了一个充满创意和美感的夜间休闲场所。

注重空间外摆的互动性，打造情境式互动的公共空间。例如，假草坪的设计，不仅视觉上绿色美观，还可以随意地坐下来，交谈并欣赏音乐。露天休息区的升级，增设了露天电影，游客可以在此处聊天交友、看电影，休息之余兼顾社交娱乐。同时，两处街区内部设置临时座椅，以延长市民游客的逗留时间，提高逛街体验。通过满足人们在公共空间内的各种社交需求，促进夜巷持续性消费。

注重空间 IP 塑造，营造网红打卡点。在安义路的一端设置了"安义夜巷"标志性门头，另一端则安装了荧光灯管艺术装置。这两个设计元素成为市民游客自拍的热门背景和网红打卡地，有效地吸引了大量人流，发挥了显著的广告效应。进一步的升级改造中，安义夜巷打造了一个名为"夜巷花园"的特色区域。在花店和花艺装置的点缀下，这里也成为吸引人们拍照、在社交网络分享的热门场景。通过这些策略，安义夜巷不仅增强了自身的品牌形象，还创造了具有吸引力的公共空间，促进了社交互动和消费行为，为城市商业消费及夜生活增添了新的活力。

4. 多主体多部门协作机制

安义夜巷是政府与商业主体深度合作的创新之举，也是静安区政府全方位支持与各部门通力合作的典范。

安义夜巷是在静安区政府的推动和支持下，上海静安嘉里中心作为牵头企业，以其专业的商业团队进行组织运营，组织多元社群线下参与的城市夜经济重要项目。安义夜巷的商业部分由上海静安嘉里中心负责管理、运营与招商工作。相较于传统意义上的摆地摊，市集的摆摊活动更规范、更整洁，并通过招商管理来融合产品打造统一的调性风格。安义夜巷整合了许多商户、品牌、社群资源，打造特色项目，并非单纯招入商户，而是实现与商户的共创。例如静安嘉里中心联系 SHY 乐团，打造音乐现场；花店也会组织花艺活动或者互动工作坊。

政府多部门协同与精细管理，为安义夜巷限时步行商业空间给予了系统的空间支持与政策保证。商务委、建交委、市场监管局、文旅局、消保委、规划局、市容局等涉及市区 13 个部门通力合作所建立的实施机制，确保了安义夜巷的整体实施运行、高品质空间与高精细管理。例如消防、安保、监管等部门也持续进行巡查，时刻关注项目的运营动态。夜市筹备期间，市场监督管理局也十分重视。由于夜巷现场多为半成品加工的方式，而非预包装食品，政府积极引导卫生及食品安全的监管，确保每个摊位证照齐全与食品安全。另外，环卫部门还需要在每周一的早上 5 点对安义路进行集中的清洁和维护工作，保持城区的整洁和美观；交通部门要确保在周一的早高峰时段，道路能够为过往车辆提供畅通的通行条件。商务委将包括书展、爵士音乐节等商、旅、文、体资源向安义夜巷商业街倾斜，让安义夜巷不仅仅是每周固定的一场活动，而是成为一个在全市乃至全国、全球范围内都具有一定影响力的商业街品牌。

（五）经验总结

安义夜巷是极具特色的城市限时商业街。利用城市道路在周末打造成为限时性步行商业街，通过交通组织协同化、精准化与智慧化管理，确保周末限时商业街安全且有序的消费环境；通过夜经济商业街主题化、体验化与品质化构建，提升商圈知名度，激发可持续的消费潜力，激发城市活力。尤其是，以探索创新的方式，在政府部门与商业主体共建共治下，打造出了上海独特的商业活动与文化艺术地标，是夜市从传统商业模式向文旅活力方向发展的经典案例，也是城市更新时代塑造高品质城市公共空间活力、街道空间转型为限时商业步行街的成功探索与特色样本。

二、商圈类更新治理实践：徐家汇商圈

（一）基本概况

徐家汇商圈位于上海市中心城西南部，东起宛平路，西至宜山路，北起广元路，南至零陵路，紧邻衡复风貌区。核心商圈地处徐家汇中心区域"三纵三横"即华山路、虹桥路、漕溪北路、肇嘉浜路、天钥桥路和衡山路主干道交汇处。主要包括港汇广场、太平洋百货、第六百货、汇金百货、徐家汇公园、T20大厦、美罗城、东方商厦、徐家汇中心等。

徐家汇曾经是上海中心城区内的四大城市副中心之一，现在调整为中央活动区，同时亦为上海十大商业中心之一，是上海市中心城区的西南门户。《上海市城市总体规划（2001—2020年）》将徐家汇地区确定为市级副中心，是四个城市副中心起步最早、发展较快的城市副中心。在新一轮上海市城市总体规划（2017—2035年）中，确立徐家汇为上海中央活动区的核心区域，作为全球城市核心功能的重要承载区，进一步提升商圈辐射能级。

（二）更新历程

第一阶段：改革开放推动徐家汇商业升级。1992年，徐家汇地区的改造与建设正式启动。1994年徐家汇商业建设一期完工，东方商厦、太平洋百货、中兴百货、太平洋数码广场等十大主体建设并投入使用。1999年徐家汇商业建设二期完工，形成以港汇广场、东方商厦等综合性商场为主，太平洋、百脑汇等专业性商场为辅的商业布局。到2005年，徐家汇商圈的全部建设宣告完成，基本实现了市政府对徐家汇的功能定位，成为城市副中心和市级商业中心、商务副中心、公共活动中心。

第二阶段：为迎接上海世博会，徐家汇地区开启了新一轮的发展。2008年"徐家汇源"项目启动，徐汇区政府对徐家汇藏书楼、徐家汇天主教堂、徐家汇观象台、徐光启墓及土山湾博物馆等进行保护和修缮。2009年，徐家汇美罗城启动了整体规划改造。2013年，T20项目（原西亚宾馆）的重建工程也正式开始。

第三阶段：2015年，为了进一步促进徐家汇商圈整体发展，计划建成空中连廊，规划将肇嘉浜路、漕溪北路、虹桥路、华山路、衡山路和天钥桥路六条城市主干道分割的徐家汇商圈连起来，形成一个整体。与此同时，徐家汇商圈进一步进行沿线商场改造，2016年港汇恒隆开始外立面改造，2018年开始建设徐家汇中心，并逐步推进商圈整体环境更新。自2020年起，徐家汇商圈空中连廊项目逐步建成，向市民开放。目前已实现美罗城—T20 大厦—汇金百货—太平洋百货—第六百货之间的相互连通，以及美罗城—东方商厦—港汇广场连廊部分的建设。

（三）问题挑战

1. 功能业态方面

与世界级商圈相比，徐家汇商圈商业规模相对较小，集聚效应不强。徐汇区整体商业数量多，但大型商业载体少，人均商业面积并未达到上海前列，影响力与竞争力仍需提升。随着上海市域内商业网点增多，徐家汇周边商圈能级提升，徐家汇商圈面临的同质化竞争增强。此外，近年来电商的快速发展对徐家汇商圈产生冲击，使其面临新的发展挑战。

商圈商业功能复合性有待提升，现代文娱休闲业态比例较低。改造前徐家汇商圈以商业、居住、办公三类功能为主。从商圈现有核心商厦的功能业态看，商圈内部分高端品牌产品选择性较多，然而文化设施规模相对较低，在业态多样性、体验性及全天性方面表现不足。且商圈内各商业之间联系不强，尤其是休闲娱乐、餐饮类与其他商厦的联动性不足，无法有效满足消费者的多样化需求。

徐家汇商圈特有的文化资源禀赋未能凸显，文商旅融合程度需加强。该商圈历史文化资源丰富，尤其是具有海派特色的文化和博物馆资源。各片区功能形成一定的差异化发展，但由于城市主干道的分割，不同片区之间的资源未能有效整合，导致文化、商业与旅游功能的互动性不足，彼此之间的协同效应尚未得到充分发挥。同时，徐家汇商圈的文化推广薄弱，缺乏具备高认同感的文化宣传推广方式及运营模式，需要深度整合资源，强化区域特色，发挥文化潜力。

2. 交通组织方面

机动车行问题。徐家汇商圈机动车流量大，步行空间让位于车行空间，人车矛盾突出。徐家汇商圈内的主干道承担区域内大量的过境交通，高峰时期到发交通与过境交通叠加，商圈周边交叉口拥堵严重，成为路网瓶颈。

人行方式问题。商圈人流量大，行人过街方式受限，过街便捷性、连通性、舒适度欠佳。由于商业设施密集，周末和节假日吸引了大量的消费群体，工作日中午也有大量周边工作人员进入商圈就餐，区域内步行的人流较多，对步行空间的需求较大。然而，人行横道不连贯，单向过街被隔离岛划分成多段，商业人流动线易被阻断。整体来看，商业地块间的交通通达性较低，地块间联系性不强，步行空间舒适度有待提升。

地下交通问题。徐汇商圈内过街及商业出行的人流与轨道交通换乘的乘客流容易形成相互干扰，造成地下空间拥挤，其引导性也相对较弱。同时由于地下空间自身条件限制，涉及轨交、道路、人防、管线等多部门协调，优化难度大。

交通组织系统化问题。垂直交通不足，缺少功能性开发，核心商圈地面、地下、空中连廊体系均为独立体系，目前仅靠地铁站出入口及商场电梯连接，缺少一体化的垂直交通设计。

3. 公共空间品质方面

城市公共空间活力不高。数量上，地区公共空间规模、密度不够。除道路人行道外，现状开放空间主要以绿地/广场、附属绿地、附属广场为主。品质上，服务水平不足，空间品质不能满足活动需求，缺少功能性开发置入，人性化、艺术化考虑尚显不足。体系上，目前徐家汇空中连廊只完成部分区域，与沿线商业体的联系有待提高。地面、地上与地下的公共空间系统打造、连通与衔接尚未形成体系，商业及其后街背巷的公共空间活力潜质尚未挖掘，高品质、高活力的城市公共开放空间体系未成。

（四）更新策略

1. 节点串联更新，构建空中连廊

通过空中步行连廊串联组织空间节点。徐汇商圈中的商业节点包括现有的核心商厦港汇广场、美罗城等，即将建设形成的徐家汇中心，以及正在更新的第六百货、太平洋百货与东方商厦。历史文化节点主要有藏书楼、天主教堂等具有代表性的文化历史建筑。通过二层平台串联核心区，可以将人流引入各街坊内部。通过平台及垂直交通，整体形成文化廊道，整合与连通开放空间，增强区域联系与可达性。在空中连廊平台接口设计中，可允许建筑与平台接口处局部放大，适当延伸建筑内部功能。

2. 功能业态更新，提升商圈能级

加强各功能区域的联系，增强商业集聚，强化辐射能级。形成集商业购物、商务办公、文化休闲等复合功能的商圈。深入研判消费新趋势、新动向，引入时尚新兴业态，植入现代新潮商业元素。衡山坊通过绿植、玻璃、外摆等方式改造成适合小憩闲坐的开放休闲空间。汇集了艺术画廊、时尚精品店、格调餐饮、创意办公等多种业态，例如衡山坊街口"衡山·和集"书店等设置，对徐家汇商圈吸引年轻时尚人群有重要作用。

通过文商旅融合，按照"文化有脉、商业有魂、旅游有景"的发展思路，加强"徐家汇源"各景点内部的有机串联，打造具有历史文化底蕴和海派特色，承载文化活动的公共商业空间。

3. 改善步行系统，优化交通组织

通过建立立体步行系统，可有效缓解行人、机动车与非机动车之间的冲突，提高整体交通运行效率。立体步行系统减少了地面过街的行人流量，减轻了地面过街的压力，同时缩短了商业人流的过街等待时间。该系统提升了道路通行能力，减少交叉口的车辆延误。通过针对不同人流进行分流，避免现有轨交换乘人流与商圈购物人流之间的相互干扰，缓解地下空间的压力，打造以步行优先的交通体系。

完善路网系统，改善关键节点。通过二层平台链接商圈内重要的景观节点、商业节点及交通设施，实现地面、地上的无缝衔接。结合相关节点在道路两侧设置一定的垂直交通，包括自动扶梯、电梯、楼梯以及缓坡等，满足行人购物、出行等各种需求。平台的垂直交通与区域内轨道交通、公交以及公共自行车站点相结合，便捷组织人流。将原有的以地下交通为主，地面、地上为辅的交通组织形式，转化为以地上、地面为主，地下为辅的"可视性"交通组织，从而实现区域步行系统的舒适性和连续性，提升慢行体验。

4. 公共空间营造，塑造空间形象

徐家汇商圈构建立体化公共空间系统，将商业与公共空间联动。通过二层空间连廊，使得人的公共活动由单基面扩展至多基面。将现有商业中庭空间、城市绿化空间、公共建筑广场空间等分散的开放空间系统化，打造集观光休闲、整合商圈业态于一体的公共活动空间。

注重打造空中连廊观景平台。强化衡山路—漕溪北路交叉口平台

景观功能，形成良好的观景区。通过在平台局部区域缩放、升降、镂空等多种处理手法，形成人流驻足的观赏区。同时结合周边环境设置一定的休憩设施，增强平台持续活力。

空中连廊平台应引入体现地区风貌的装饰元素，避免色彩与风格的随意性，提升徐家汇地区的标识度、区域城市形象。平台设计需充分体现简捷、流畅的特点，保证灵活性、趣味性的同时，打造符合人性化尺度的高品质空间。另外，平台夜景灯光设计应突出照明重点，强调对周边景观环境的引导。

重视桥下空间，减少平台设置对地面层的影响。在平台的选材、设计中充分考虑地面采光问题，同时强化地面层智能灯光的引导，增强地面设施、铺装等色彩，缓解较暗空间的视觉感，提升地面空间舒适度。

注重绿化设计，营造层次丰富、绿意盎然的生态空间。综合考虑遮阴、避雨、休憩等需求，采用灌木、乔木、垂直绿化、屋顶绿化等多种手段，建筑立面尽量采用现代的手法和生态的技术将自然和城市结合，创造更舒适的城市环境。

5. 实施机制

（1）空间激励政策机制

以微改造、微更新方式进行有机更新，兼顾各方利益。建立渐进式更新模式，通过统筹规划、分步推进的方式，有效控制引导区域规划建设。例如，由西亚宾馆改造而成的T20大厦，政府通过有效引导，给予容积率和高度奖励政策，用建筑后退置换容积率，鼓励开发商让出底层空间的地块，构建更加开放、包容性的空间。

（2）政府多部门协调

徐家汇商圈更新过程涉及市政、交通、绿化、消防多部门管理，涉及规划局、市政部门、交管部门的共同协作。尤其区域内管线众多，应统筹协调平台墩柱与市政管线布局，确保市政设施与管线的安全。例如，结合肇嘉浜路沿线地块建设，相关部门启动地下管线的物探工作，多部门协调共同落实肇家浜路沿线 110 kV 电力排管移位方案。

（3）明确建设主体，鼓励多元主体参与协作

项目实施分为平台主体建设和建筑改造两部分。其中平台主体建设由相关政府牵头，规划引领。建设部门整体协调，组织推进，并落实区属企业作为实施主体，组织商家共同推进更新改造。沿路建筑改造由所属企业、单位负责。改造后东方商厦、美罗城局部、港汇局部区域呈串联式布局，需要对建筑内部功能布局进行重新组织，以保障建筑内部的有效管理和运营。例如，由于可达性改变，具有高盈利价值的业态从一楼置换至平台连接的二楼。这需要各商户、楼宇拥有者、企业、单位协商沟通，明确各方的责、权、利，从而确保项目的可实施性、可操作性。

（五）经验总结

功能复合化。以区域协调发展为导向，通过二层平台的设置，加强商圈各功能片区、节点的联系，实现文商旅融合发展；对场地周边资源进行分析和梳理，引导发展现有的潜力，对其进行延伸和完善。

交通便捷化。通过立体化交通系统的完善，优化步行流线组织，增强商圈内部联系，提升通行效率。

空间多样化。空中连廊平台为集观光休闲、整合商圈业态于一体的公共活动空间。以增加公共活动空间、提升公共空间品质为前提，结合二层平台的设置，因地制宜，形成丰富多样的公共活动场所，增强地区活力。将徐家汇商圈打造成为集综合交通枢纽、文化旅游景

区、商业购物休闲于一体，兼具文化魅力和商业活力的城市公共活动中心。

多部门协调与多元主体参与。更新过程涉及市政、交通、绿化、消防等多个部门的管理内容。明确各商户、楼宇拥有者、企业、单位的责、权、利，从而确保项目的可实施性、可操作性。

作为城市更新中最具活力的重要组成部分，商圈改造升级是一个持续进行的过程。随着第六百货的闭店重建，徐家汇商圈迎来了新一轮的转型。此前空中连廊的建造为徐家汇新阶段的发展打下了坚实的基础，其成功经验也为其他商圈提供了宝贵的参考。如何在更新中巩固和放大自身优势，在优化空间布局中进一步提能级、优品质、塑品牌，努力打造上海国际消费中心城市的潮流地标，是徐家汇商圈后续提升仍需思考问题。

第四节　商业商办更新策略总结

通过总结提炼商业商办更新中商业商办楼宇类更新、商业街区类更新和商圈类更新，共三种类型的更新实践优秀经验，下面将从更新方法、更新保障、实施机制等方面提出策略和建议。

一、更新方法方面

系统梳理、区域研究、整体设计。梳理在区域内的商业商办楼宇、商业街区、商圈使用情况，从地理位置、交通情况、建筑使用、租金、营业情况等方面对商业商办楼宇进行调研，并论证业主更新需求合理性，做能够兼顾整体的更新设计。

提升商业公共空间活力。商业商办是城市中的重要的功能用地和空间，对其更新坚持公共优先的更新原则，全方位提升公共空间体验和品质，提升商业商办更新项目自身竞争力。

二、更新保障方面

多方共治、社会参与。在更新过程中，协调各方利益和诉求，政府、企业、个人、市民应共同参与到更新改造过程中。在公共空间奖励机制方面，对于提供公共空间、公共设施，以及提升公共空间品质和活力等情形，允许容积率适当增加，或给予适当奖励。在更新政策支持与创新方面，商业商办城市更新中，涉及多部门管辖范围，需要多项规划政策创新突破与支持，包括规划、商业、市政、交通等相关方面政策。

三、实施机制方面

多方共治、社会参与。在更新过程中，协调各方利益和诉求，政府、企业、个人、市民应共同参与到更新改造过程中，达成多方共赢的更新机制。

建立城市跨部门协调机制。商业商办是城市重要的功能用地，复杂的商业商办城市更新类型，涉及多个主管部门、多个管理领域，需建立城市各部门共同协作的工作机制。

第七章
综合区域更新类型与策略研究

　　本章深入剖析综合区域更新类型，划分为四中类、九小类；选取新天地、吴淞工业园区作为代表性案例，总结提炼每一类型的更新策略；从更新的方法、政策、机制等方面，提出不同更新类型的策略和建议。

第一节　综合区域更新类型

　　随着城市功能的不断完善与发展需求的变化，综合区域更新成为提升城市整体发展水平、增强区域竞争力的重要手段。在综合区域更新的具体更新实践中，《上海市城市更新行动方案（2023—2025年）》提出综合区域整体焕新行动。通过城市更新，统筹存量资源、优化功能布局，实现综合区域的可持续发展。本研究将综合区域更新按照更新前空间及主要功能特征分为四类：中心区、滨水区、综合交通枢纽区和工业区。

图 7-1　综合区域类型分类

一、综合区域更新类型

（一）中心区

中心区包括中央活动区、城市副中心、新城中心等。

中央活动区，即 CAZ（Central Activities Zone），集办公、金融、商务、娱乐、旅游等功能于一体，不仅拥有多样化、现代化的配套设施设备，还拥有便捷的城市交通和物流系统，是一个城市的核心，并把握了城市乃至更广泛地区的经济脉搏。中央活动区的概念是在中央商务区的基础上发展演绎而来，在功能上既继承了中央商务区的商业、商务等主要功能，又适应新经济发展要求，突出并强化文化、休闲、旅游及商务酒店、高品质住宅等其他功能。

上海市城市总体规划中规划了 75 平方公里的中央活动区，城市副中心中规划了 9 个主城副中心、5 个新城中心和 2 个核心镇中心。中央活动区包括小陆家嘴、外滩、人民广场、南京路、淮海中路、西藏中路、四川北路、豫园商城、上海不夜城、世博—前滩—徐汇滨江地区、徐家汇、衡山路—复兴路地区、中山公园、虹桥开发区、苏河湾、北外滩、杨浦滨江（内环以内）、张杨路等区域。城市副中心具体包括江湾—五角场、真如、花木—龙阳路、金桥、张江、虹桥、川沙、吴淞、莘庄等9个主城副中心；嘉定、松江、青浦、奉贤、南汇等5个新城中心；以及金山滨海地区、崇明城桥地区等2个核心镇中心。

（二）滨水区

城市滨水区是"城市中陆域与水域相连的一定区域的总称"，在视觉、历史、生态或更大的区域规划中与水面相连，一般由水域、水际线、陆域三部分组成。[1] 自20世纪70年代以来，世界上许多滨水区经历了从工业地带、荒地、居住区等到多功能的商业、住宅和休闲区的重新定位，使得二战后技术变革后衰落的滨水区重新焕发活力，为居民提供休闲游憩、文化教育、社会活动等服务；调节城市气候，改善城市生态环境；塑造城市形象，激活城市活力，促进经济发展和文化交流。但滨水区的陆域边界至今仍存在争议，有研究者根据滨水区的开发性质、规模、经营水平的差异，以城市居民日常生活对水际空间的意识程度来确定。[2]

按照毗邻水体性质分类，可分为江（河）滨、湖滨和海滨。江（河）滨是指靠近河流的地区，城市中的河滨区如河滨公园、步道和观景点。湖滨是指靠近湖泊的地区，湖滨地区具有独特的生态系

［1］ 王建国、吕志鹏：《世界城市滨水区开发建设的历史进程及其经验》，《城市规划》2001年第7期。

［2］ 金广君：《日本城市滨水区规划设计概述》，《城市规划》1994年18卷第4期。

统。湖滨地区在调节气候、维持生态平衡和提供水资源方面也具有重要作用。海滨是指靠近海洋的地区，包括海岸线及其附近的陆地。海滨地区是重要的经济活动区域，涉及渔业、航运、旅游和能源开发。

（三）综合交通枢纽区

综合交通枢纽区是在一个国家或者地区的综合运输网络中，不同运输方式的交通网络运输线路的交会点，是交通运输的生产组织基地和综合交通运输网络中客货集散、转运及过境的场所，具有运输组织、管理中转换乘换装、装备储存、多式联运、信息流通和辅助服务六大功能。

从宏观层面和实体层面分类：宏观层面的综合交通枢纽是指交通干线的连接或交汇点所在的枢纽城市；实体层面的综合交通枢纽是指具体承担客流集散和换乘功能的交通场站设施综合体。对于实体层面的综合交通枢纽，按客运交通服务范围可划分为城市对外客运综合交通枢纽、城市市内客运综合交通枢纽和为特定设施服务的枢纽。按枢纽服务范围分类，可划分为市级交通枢纽、区级交通枢纽和地区性交通枢纽。

（四）工业区

工业区是指在城市发展战略层面的规划中，要确定各种不同性质的工业用地，将各类工业分别布置在不同的地段，形成各个工业区。由于工业区的形成条件和所处的位置不同，可分为两种类型：中心城区工业区及郊区工业区。中心城区工业区位于城市中心区域，通常在城市的建成区内，靠近商业、金融和行政中心。郊区工业区位于城市中心区以外，通常在城市的边缘地带或郊区，距离市中心较远。

二、综合区域更新类型体系

基于综合区域转型更新的类型，将上海综合区域保护更新细分为四中类、九小类。

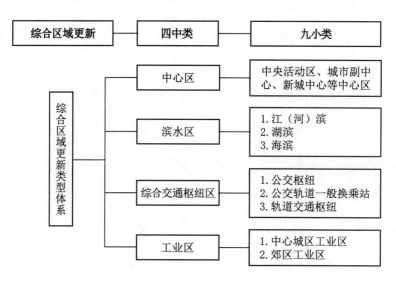

图 7-2　综合区域更新的类型体系

第二节　综合区域更新存在问题

综合区域更新存在的问题挑战聚焦于更新方法、政策保障、实施机制等方面，具体如下：

在更新方法方面，综合区域目前存在片区功能单一的问题，不能满足新时代发展需求，功能与品质有待提升。片区以零星开发为主，缺乏整体统筹、系统规划。同时，缺乏对历史人文、文化风貌及建筑特色的系统梳理与研究，公共空间缺失。在政策保障方面，财税政策支持力度有待加强，综合区域片区弹性管理过程中存在耗时较长的问题。在实施机制方面，片区内多元主体利益难以平衡。土地供应方式有待于多元化。政府缺失对市政配套设施的同步建设。

第三节　综合区域更新实践

对综合区域更新的四种类型分别进行具体细分后，找出存在的问题，研究以下案例的优秀更新策略并进行经验总结，从更新方法、政策保障、实施机制三方面提出相关的政策建议。

在案例选取方面，研究依据不同类型的更新主题：在中央活动区类别中选取了外滩中心广场、徐家汇商圈、新天地、创智天地案例；在滨水区类别中选取了上海西岸、纽约炮台山公园、伦敦金丝雀码头、杨浦滨江案例；在交通枢纽区类别中选择了东京涩谷、上海虹桥商务区、香港港铁九龙站案例；在工业区类别中，选取了吴淞工业园区、波士顿南湾、上海世博实践区案例。

下文将选取中央活动区类别的新天地、工业区类别中的吴淞工业园区为代表性案例，从基本概况、发展历程、问题挑战、更新策略、经验总结五方面展开具体阐述。

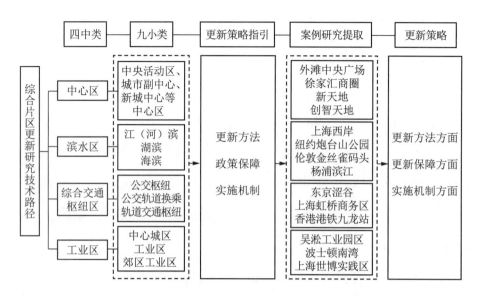

图 7-3　综合区域保护更新案例的研究技术路径图

一、中央活动区更新治理实践：新天地

（一）基本概况

新天地及周边地区北起延安高架路，南至合肥路—肇周路，西临南北高架桥（重庆路），东以浙江南路、人民路与老城厢地区为界。新天地是以上海独特的石库门建筑和传统里弄为基础，融入现代生活工作所需的多功能配套，满足现代服务产业人群"生活、工作、学习、休闲"需求的城市中心；由西部上海新天地历史建筑重建区、北部企业天地甲级办公楼区、南部翠湖天地高尚住宅区、东部综合性的购物娱乐商业中心、中心人工湖绿地组成。

（二）发展历程

新天地的开发与更新工作大致可以分为以下几个阶段：

第一阶段：1992年"太平桥旧区重建计划"提出。1996年，上海市"365"危棚简屋改造计划中，太平桥地区被列为重点改造更新区域；瑞安与区政府签署《沪港合作改造上海市卢湾区太平桥地区意向书》；卢湾区政府组织编制了太平桥地区控制性详细规划；新天地项目街坊的保护性开发先行启动。

第二阶段：1997年，太平桥旧区重建规划获批，太平桥地区的改造进入实施阶段。1998年，受金融危机影响，上海房地产进入低迷状态，"新天地"地区商品住宅开发改造暂缓，历史风貌保护区建设先行启动，太平桥人工湖开挖。2000年"太平桥公园"项目正式启动。

2001—2015年，"新天地"地区大力推进楼宇群开发及太平桥地区的建设进程，实现了传统元素与现代风格的有机融合。同时，也加速了"环太平湖区域"建设，形成商业商务的规模集聚效应。在此期间，新天地北里、南里开业，中心绿地及人工湖开放，写字楼一期动工，企业天地（办公）、翠湖天地（住宅）相继推出，五星级酒店、新天地时尚购物中心揭幕。

第三阶段：2016年至今，淮海中路商业街和新天地国际高端商务区联动融合发展，"新天地"地区123、124、132街坊（商办）地块成功出让；115街坊中的九年一贯制学校推进；一大会址旧馆更新，瑞华坊等文物保护点得以保留。2020年，"新天地"地区展开122街坊（住宅）研究。

（三）问题挑战

改造前的"新天地"地区传统的石库门建筑与现代生产生活方式

不匹配，日益落后的建筑设施给生活带来诸多不便。同时，由于地区位于上海城市核心区域，片区功能滞后于新时代的发展需求，亟须进行全面提升。既有开发零散且缺乏整体统筹和系统规划，公共空间的缺失问题也亟待解决。对于历史人文、文化风貌及建筑特色的系统梳理和深入研究迫在眉睫，以确保发展能够更好地融入当地的历史和文化传统。在政策保障方面，为了解决容积率和绿地率平衡的问题，应当制定并实施相关政策，以确保土地利用的合理性和可持续性。在实施机制方面，土地供应方式亟须多元化，以适应不同的发展需求。应该着力推动多元化的土地供应方式，确保资源的合理配置和利用。此外，市政配套设施的同步建设也是关键所在，加强市政设施规划，促进整个片区的有序发展。

（四）更新策略

1. 更新方法方面

（1）功能高度复合

鼓励单地块用地的多元复合。在同一大类的用地性质下，确定一类或多类主要功能，不限定具体功能，保持多元复合性。在 2004 版的规划中，新天地区域实践了整体规划，合理安排商业、商务、办公、居住等高度复合的功能配置，且形成功能组团，在各功能片区中实现复合功能的有机衔接。新天地时尚购物中心地块上一至二层及地下两层整体建筑均为商业功能，而不仅限于沿街商业，商业占比达 15%（计容面积）。从三层开始为住宅功能，部分塔楼组团穿插在商业综合体上方，高度从 24 米至 99.99 米不等，是单一用地条件下土地三维空间的复合使用的典型案例。居住用地在不影响居住品质的前提下，适当提高配套商业的比例，充分体现复合功能与活力街道。

（2）传承与融合风貌里弄的城市发展策略

功能改造方面，重点在于实施存表去里、整旧如旧和翻新创新的策略，通过这些手段来使建筑更好地适应现代需求。存表去里注重在保留建筑原有结构的基础上，进行必要的改造和优化；整旧如旧则强调在改造过程中保持建筑的历史原貌，尊重其传统风格；翻新创新旨在通过引入创新设计和技术，赋予建筑新的生命和功能。

设计原则方面，以保护历史建筑、促进城市发展及满足建筑功能需求为基本原则。在保护历史建筑的角度上，设计应注重文物保护法规，确保改造过程中不对历史建筑造成不可逆的损害；在城市发展的角度上，设计应与城市规划相协调，使历史建筑融入城市发展的整体格局；在建筑功能的角度上，设计应满足现代社会的需求，确保建筑在保留历史特色的同时具有实用性。

整体规划方面，保留下来的旧建筑应呈现各自独有的特色，形成一个仿佛历史建筑陈列馆的整体规划。通过巧妙的布局和设计，展示不同历史时期的建筑风格和文化内涵。

强调历史感方面，在改造过程中，强调保留原有的砖、瓦等材料作为建造时使用的建材，以加强建筑的历史感。这不仅有助于传承历史文化，也使得建筑更具有独特的时代氛围。在风貌街坊更新过程中，采用小街区、密路网、窄街道的整体规划布局方式，延续历史建筑及街道尺度，创造适宜步行的城市空间、人性化的街道尺度，有利于形成有活力的开放街区。

2. 政策保障方面

（1）容积率转移的发展策略

鼓励地块之间的建筑容积率相互平衡，尽量保证在规划范围内就地挪移。太平桥人工湖大规模绿化规划及新天地南里、北里低密度更新，为保证新天地区域未来开发总量，地块之间的建筑容积率可以在规划范围（新天地区域）内就地挪移，保持规划的灵活性、适应性。

（2）城市公园的绿化发展策略

鼓励学习欧洲传统城市的规划方法，在一个社区单元内，设置大型的公共绿地，其余单一地块可采用零绿化率或低绿化率。新天地区域总体规划未遵循法规中所限定的每个地块需满足30%～35%的绿化率的要求，而是学习了伦敦的规划理念，设置大规模集中、优质的城市公共绿地，不追求单地块绿化率。新天地地区集中设置太平桥绿地，其余单地块绿化率可以为0%～5%。公共绿地可以起到隔离作用，绿地周边的住宅可倚靠绿地提升住宅品质。

（3）消防规范方面

新天地南里、北里当时对历史建筑改造的消防限制较小，使用喷淋与部分建筑立面不开门窗等方式，论证后特批可采用特定的方法进行消防控制。在城市更新过程中，针对部分历史建筑群，原有建筑诸多方面不满足现行消防规范的，建议单独制定历史建筑改造方面的消防规范，采用特定的方法进行消防控制。

3. 实施机制方面

负责开发太平桥地区的香港瑞安地产公司当时与黄浦区政府达成协议，对太平湖公园及周边公共设施进行整体开发、运营、管理

（20+10年合约，目前在续签第三个合约）。同时，在项目建设及后期运营中，明确项目发展方向及目标，坚持注重打造、经营项目品牌，保持区域活力。新天地区域规划了连续的商业街道，在底层设置连续的商业界面以保持街道活力。同时，运营商在新天地区域不定期举办不同规模、不同主题的活动，持续吸引人流，保持地块活力。新天地区域尝试与万科、永业集团等企业进行联合开发管理运营工作。

（五）经验总结

总体规划、区域更新。新天地区域的重建规划之所以能够取得如此成功，在于其一直坚持先进的规划设计理念与思路，充分考虑未来上海城市所需，体现了超前先锋的规划思想，保证了地区开发的有序、统一和协调性。对综合片区更新进行项目定位，整体统一的规划是高质量整体提升、公共设施合理配置的重要条件。打造公共开放空间，创造充满活力的街区环境。鼓励单地块用地的多元复合。在同一大类的用地性质下，鼓励多种类别的功能复合。同时，鼓励多地块用地功能复合。在综合更新片区，以一个或两个功能用地为主，营造多种功能社区。

环境优先、总体平衡。在新天地区域改造过程中，优先提高地区景观环境品质，带动整体区域的改造提升。同时，新天地区域借鉴国外容积率转移的规划思想，通过整体规划来实现总体平衡，将中心开敞空间土地上的容积率转移到周边相邻地块。避免了中心城区地块因盲目追求高容积率而造成建筑高度和密度失控的状况。中心人工湖等开敞空间的建设还使得城市空间显得更为疏密有致，中心城区的生态环境也得到明显改善。

有机更新、风貌保护。新天地率先采用有机更新模式，创造性地对南里、北里石库门建筑群采用外观保留、复建，内部现代化，以及功能更新的方式，实现了风貌保护与有机更新的充分结合。

多方参与、多元共治。在多地块的区域运营中，建议联合区域内各个企业及单位，联合政府及公众，制定多元共治机制，共同协力管理该区域，更好地激发区域活力，增加区域价值。

图 7-4　上海新天地总平面图（REF：瑞安集团）

二、工业区更新治理实践：吴淞工业园区

（一）基本概况

吴淞工业区位于上海市域北部，宝山区与上海中心城区的交接部

位，基地面积 26 平方公里。吴淞地区拥有"江海明珠"之美誉，具有重要的战略地位。吴淞工业区见证了上海近现代的发展史，为中国和上海的重化工业作出了重要贡献。吴淞工业区通过整体转型，打造成吴淞创新城，进一步推动区域经济发展和产业升级。

（二）发展历程

第一阶段：工业区发展阶段（18 世纪至 20 世纪末）。18 世纪，早期吴淞有"重洋门户""七省锁钥"之称，是著名的军事要塞。19 世纪，近代吴淞成为上海高等教育和工业发源地，吴淞机厂为境内第一个现代工业企业。民国初年，现代工业较快发展。新中国成立后，吴淞工业区以钢铁工业为主导。1956 年，上海市在市区边缘地区辟建卫星城镇和市郊工业区，吴淞是十个新兴工业区之一。1958 年起，吴淞地区重点发展钢铁工业，上海第五钢铁厂、上海钢管厂、上海铁合金厂等钢铁骨干企业的兴建与上海第一钢铁厂的扩建，为吴淞建设成为钢铁工业区奠定了基础，形成吴淞工业区雏形。

第二阶段：环境整治与转型起始阶段（20 世纪末至 2010 年）。20 世纪末，随着时代变迁中城市空间拓展、产业结构转型、环保意识增强、土地资源稀缺等，吴淞工业区的弊端逐渐显现，包括产业结构落后、土地效益低下、环境污染严重等。除上港、特钢等一部分企业正常生产外，大部分企业处于停产、半停产状态。2000 年起，由上海市政府主导对吴淞工业区进行了环境综合整治，整体环境大为改善，新兴产业加快发展。2005 年，《上海市宝山区区域总体规划（2005—2020）》将吴淞定位为上海重要的工业产业区，承接部分中心城区转移的第二产业，着眼于产业结构优化和环境整治。[1]

第三阶段：转型战略研究阶段（2006 年至 2020 年）。随着上海城市空间拓展，吴淞环境污染严重、产业结构落后，其转型发展势在必行。同时，部分厂区开始自主探索转型，并逐步建设形成了上海国际节能环保园、上海玻璃博物馆、半岛 1919 文化产业园、中成智谷等成功转型项目。2012 年，上海市政府与宝钢集团签约推进吴淞地区冶金行业战略转型，吴淞工业区整体转型拉开序幕。后续的研究和规划工作不断深化，为吴淞工业区的转型提供了有力的指导和支持。2016 年，宝钢集团关停高炉，加速了转型步伐，对自身的转型发展做出了规划。"上海吴淞工业区城市更新规划战略与实施策略研究"项目由吴淞工业区与宝武集团共同合作，开展研究。2018 年，吴淞地区的不锈钢区域和特钢区域成立了两家合资开发公司，标志着吴淞工业区整体转型升级进入新阶段。吴淞地区不锈钢区域、特钢区域2 家合资开发公司——上海宝地上实产城发展有限公司、上海宝地临港产城发展有限公司正式揭牌，为宝山区提升城市能级和核心竞争力注入了新的活力。

第四阶段：更新发展阶段（2020 年至今）。2020 年，根据宝山 2035 总体规划，吴淞创新城被赋予了承接主城副中心功能的重要使命，成为展示宝山魅力、活力和可持续发展的重要空间。2021 年，上海美术学院（吴淞院区）选址于吴淞创新城内规划保留的型钢厂房旧址。征集方案将以文化引领、风貌保护、统筹发展为总体要求，结

---

［1］　莫超宇、王林：《上海宝钢不锈钢厂保护更新与城市设计实践》，《时代建筑》2018 年。

合上海美术学院的发展愿景和功能需求，力求打造具有文化特色、艺术氛围和历史记忆的公共空间，形成集高校教育、国际交流、公共服务为一体的开放无界的艺术地标。

（三）问题挑战

吴淞工业区的发展面临以下问题：

1. 吴淞工业区转型困境

吴淞工业区传统的发展模式与宝山区乃至上海产业发展导向之间的矛盾日渐加深，产业更新转型迫在眉睫。

2. 工业遗产保护传承困境

多数工业区的更新规划对现代工业的遗产价值和保护工作较为忽视，对工业遗产价值的认知不够，吴淞工业区内大量工业遗存价值有待挖掘。

3. 大型工业区更新及再利用发展困境

吴淞工业区内厂区规模大小不一，目前传统工业区更新利用模式单一，难以指导吴淞区内不同类型厂区的发展方向，有待探索创新更加多元、切实可行的新模式，协调好城市发展和城市遗产保护之间的矛盾。

4. 与未来城市定位、功能不匹配

吴淞工业区内各个厂区自有系统的道路、市政设施、设备均是为满足生产需求而设置，与上海2035总体规划确定的"北部城市副中心，中央活力区的重要组成部分"城市定位不匹配。

（四）更新策略

1. 整体转型、产城融合

（1）全新功能定位，产业转型升级

吴淞工业区聚焦从工业化转向后工业化、从生产转向生活、从工业区转为城区的转变。吴淞工业区的发展目标是培育文化创意、平台创新、研发策源、综合服务、低碳示范五大功能，打造世界老工业区再生及工业文明传承的创新示范区，创新创意创业相促进、生态生产生活相融合、宜居宜业宜游相协调的现代化滨江新城区。

吴淞工业区的产业向高端化、集约化、服务化方向转变。突出产业引领，推进产城融合，形成工作—生活—休闲融为一体的后工业化发展模式，使之成为充满活力的 24 小时城区。采取复合功能模式的转型发展，形成城市副中心、战略性新兴产业和生产性服务业、新都市主义生活区的空间集聚效应。既实现了城市的转型更新，又实现了产业的更新换代，构建了现代化的产业体系。

（2）多元、创新、创新经济为特色的产业结构

构建以节能环保、新材料、新能源、产业服务为主的战略性新兴产业，以休闲娱乐、文化创意、体育产业、展览展示为主的文化娱乐产业，以中介服务、零售商业、旅游休闲、酒店餐饮为主的生活型服务产业，以商务办公、金融服务、交通运输、文化传播与设计为主的生产型服务产业，以大学教育、文化娱乐、职业培训、技能培训为主的教育培训产业。

2. 区域更新、盘活土地

（1）挖掘现状资源，盘活土地空间

依据现有资料和充分的现状调研及排摸，规划范围内挖掘与统计

现状资源，可知用地资源和建筑资源丰厚，绿化资源和水体资源独特。结合规划策略，打造两环、两轴、一带、两心、多节点的整体结构。提出产业转型升级、功能全新定位的整体转型思路，打造吴淞创新城区，从工业化转向后工业化，从生产转向生活，从工业区转为城区，并结合自身优势，形成多中心混合功能城市格局。

（2）排摸规划范围内的现状工业遗产建筑、土地、景观、交通资源，挖掘土地潜在价值

吴淞工业区拥有丰富的轨道交通资源。轨道交通 3 号线位于规划区的东侧，贯穿整个规划范围，南北方向运行。10 号线位于规划区的南侧，而规划中的 18 号线也将经过该区域。这些轨道交通线路为吴淞工业区提供了便捷的交通连接。吴淞工业区内目前共有十条公交线路，主要集中在蕴藻浜以南的长江路区域。北部的公交线路相对缺乏，目前没有经过该区域的公交线路，这可能对北部区域的发展和交通造成一定的影响。吴淞工业区的道路交通资源也较为丰富。外环线高架快速道路自东向西贯穿整个规划范围，东连浦东新区。此外，逸仙路高架与轨道交通 3 号线并行，加强了交通流动性。规划范围内"四纵五横"的主干路基本形成。

3. 风貌保护、改造利用

（1）建筑（或构筑设备）保护类别判定

通过对于建筑（或构筑设备）风貌质量的初步判断，并根据历史文化价值、可利用性、风貌独特性三个方面进一步对其进行保护更新类别的评判，确定为三类：一是风貌保留建筑（或构筑设备）。区域内具有较大历史价值，其本身功能、风格、结构、空间具有一定代表性，并且具有丰富的可利用性的建筑（或构筑设备）确定为保

留风貌建筑（或构筑设备）。二是一般建筑（或构筑设备）。区域内风貌一般、风貌特色不明显，其可利用性也较差的建筑（或构筑设备）确定为一般建筑（或构筑设备）。此类建筑（或构筑设备）数量众多、情况复杂。三是应当拆除建筑（或构筑设备）。区域内危棚、简屋、违章建筑、通过改建的方式无法与风貌相协调的建筑及其他规划要求拆除的建筑（或构筑设备）确定为应当拆除建筑（或构筑设备）。[1]

（2）尊重历史文化，传承工业风貌

吴淞工业区作为老工业区的历史使其内部现存有多处极具特色的工业遗产，是吴淞工业区历史文脉的重要载体。区域内保留着大量具有独特工业特色、代表独特工艺流程的建筑物（构筑物、设备）和保存完好的空间格局、景观结构，同样体现着吴淞区工业风貌特色。研究通过工业历史风貌文化资本、工业历史文化风貌建筑（构筑物）和工业历史文化风貌街坊三方面建立吴淞工业区的工业遗产保护体系，并针对内部各个厂区不同的风貌保留情况提出有针对性的工业遗产保护更新利用策略，保证其可实施性。[2]

已被列入风貌保护街坊范围内的现存建筑，反映出了我国近代以来不同时期工业、社会发展的风貌特色。例如：不锈钢区域内，工艺流程完整，配套完善，是典型生产、生活全体系工业厂区，景观主轴沿不锈钢大道以及铁轨分布，主轴两旁串有景观空间，景观整体性良好。

---

[1]　莫超宇、王林：《上海宝钢不锈钢厂保护更新与城市设计实践》，《时代建筑》2018年。
[2]　王林：《基于城市更新行动的城市更新类型体系研究与策略思考——以上海市为例》，《上海城市规划》2023年第4期。

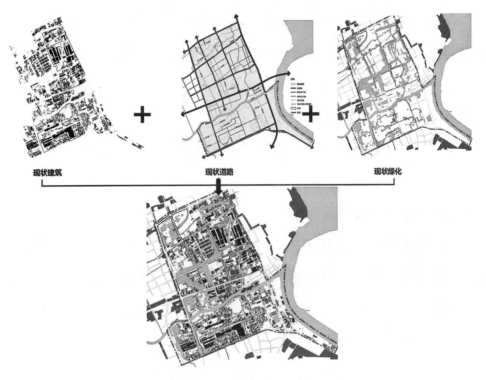

图 7-5 吴淞工业区城市更新基础要素图

（REF：上海交通大学城市更新保护创新研究中心、上海安墨吉建筑规划设计有限公司）

4. 政策创新、多方合作

（1）搭建多方平台，创新政策机制

搭建多方合作平台，引入政府、企业合作的发展领导机构和分片区工作小组推进开发、便于管理，同时采用多元化发展的战略。[1] 针对开发模式、管理模式和土地政策，提出创新性建议，共建智慧绿色城区。建议开展资本、土地机制、规划、设计等主题论坛，邀请各方专家人员共同参与讨论，提出整体战略建议与想法，研究并制定科

---

[1] 王林、莫超宇：《工业区更新转型的城市设计理念与方法》，《规划师》2023 年 39 卷第 6 期。

学合理的实施政策与机制。开展产业规划同步驱动的开发模式，注重工业遗产保护，引导区域产业转型，创新城市更新机制。

吴淞工业区作为全市重要的产业调整地区和区域性枢纽，其转型发展肩负着带动促进上海产业升级以及提升北部地区城市功能的重要使命，吴淞工业区的转型发展迎来历史机遇。规划体现战略规划的高度与深度，明确发展方向、目标定位、空间布局、产业体系、方法时序、体制机制和政策保障，指导区域结构规划、控制性详细规划和各专项规划编制，形成统一的规划体系。以创新、协调、绿色、开放、共享的新发展理念，科学编制吴淞工业区战略转型规划，开启未来的宏伟征程。

（2）设立合资开发公司

吴淞地区不锈钢区域、特钢区域两家合资开发公司——上海宝地上实产城发展有限公司、上海宝地临港产城发展有限公司正式揭牌，标志着吴淞工业区整体转型升级进入快车道，也为宝山提升城市能级和核心竞争力注入了新动能。

宝地上实是由上海宝钢不锈钢有限公司、上海上实（集团）有限公司及上海宝山城乡建设有限公司合资组建的有限责任公司。宝地临港是由宝钢特钢有限公司、上海临港经济发展（集团）有限公司和上海宝山都市经济发展有限公司出资组建的有限责任公司。

（3）先行启动区控详规划

根据宝山2035总体规划，吴淞创新城将承接宝山主城副中心功能，是未来宝山的核心发展区域。本次规划重点聚焦宝武集团不锈钢、特钢区域，研究功能定位、用地布局、生态环保等内容，为先行启动区建设提供依据。不锈钢启动区定位为两创产业先导区、文博休闲地标区、高品质活力区。特钢启动区则以科创研发、生态文化、公共服务为核心，打造"吴淞智造、工业大脑"的产业新平台。

5. 实施机制

针对不同的开发模式，选取典型项目进行试点。包括整板块单一主体，发挥企业主体作用；整板块多元主体，发挥政府统筹作用；零星地块，由政府或者开发公司统一收储等。

（五）经验总结

吴淞工业区的转型发展是一个系统性的工程，涉及整体定位、产业升级、土地盘活、风貌保护和政策创新等多个方面。

明确整体定位与产业升级。吴淞工业区在转型过程中，明确了从工业化转向后工业化、从生产转向生活、从工业区转为城区的目标。通过聚焦高端化、集约化、服务化的产业发展方向，成功实现了产业的升级和更新。同时，构建了多元、创新、以新兴产业为特色的产业结构，为区域发展注入了新的活力。

挖掘与盘活土地资源。吴淞工业区在转型过程中，重视对现有资源的挖掘和利用。通过细致的排摸和统计，充分利用土地、建筑、景观和交通等资源，实现了土地的盘活和高效利用。

风貌保护与工业遗产再利用。吴淞工业区重视对历史风貌的保护和传承。通过判定建筑保护类别、建立工业遗产保护体系，以及对各个厂区提出有针对性的保护更新策略，确保了区域内的历史文脉得以延续。

政策创新与多方合作。吴淞工业区在转型过程中，积极搭建多方合作平台，引入政府、企业等各方资源。通过设立合资开发公司、先行启动区控详规划等措施，推动了区域的快速发展。同时，政策创新和多方合作也为区域发展注入了新的动力。

　　实施机制与项目试点。吴淞工业区在转型过程中，针对不同的开发模式，选取典型项目进行试点。这种实施机制确保了转型工作的稳步推进，也为后续的区域发展提供了宝贵的经验。

第四节　综合区域更新策略总结

　　在总结提炼综合区域更新中的中心区、滨水区、综合交通枢纽区和工业区整体更新四种类型的优秀实践经验的基础上，下面从更新方法、政策保障、实施机制等方面提出策略和建议。

一、更新方法方面

　　理念先行，整体规划，分期开发。对综合片区进行更新后定位，确定更新后片区整体转型方向，建立完整规划体系。制定合理的分期建设规划和建造次序，保证区域开发的有序性、整体性和协调性。将土地进行整体出让或者分地块出让，由一家企业整体开发或者不同企业不同地块开发。

　　功能复合，活力提升：鼓励单地块用地的多元复合。在同一大类的用地性质下，鼓励多种类别的功能复合。同时，鼓励多地块用地功能复合。在综合更新片区，以一个或两个功能用地为主，营造多种功能更新片区。

　　风貌保护，有机更新。对该地区历史风貌及建筑进行评估，由政府或者企业对其历史风貌或建筑进行保护及有机更新。如中央活力区对建筑群采用保留、改建、内部现代化及功能更新的方式，取得了风貌保护与有机更新的充分结合；滨水区将原有水系与历史建筑及历史风貌空间节点结合；工业区针对不同风貌保留情况提出有针对性的工业遗产保护更新利用策略。[1]

重视公共空间打造。打造多样化公共空间，提升街区活力。如：中央活力区打造适宜步行的街道、开放的下沉广场、小地块组团内的内庭院等公共开放空间，创造充满活力的街区环境；滨水区重点打造滨河公共空间，连接腹地，开放空间以点状和条状穿插在滨河步行道之间，并与各种休闲服务设施结合，引入餐饮、银行、商店等；工业区建立大量的协作交流空间，打造有工业特色景观的公共空间。建议综合更新区域打造步行易达空间，建立舒适慢行系统，连接该片区及周边片区。如综合交通枢纽区立体延伸，构建地下、地面及地上的多维立体交通网络，建立轨道交通与周边城市区域的步行网络。

二、政策保障方面

政策支持及创新。制定多项政策激励机制支持企业开发。如东京涩谷站案例中在城市设计中采用"确保公共开放空间"的做法可以作为争取"增加容积率"奖励的"城市贡献"评价对象。通过灵活的财税政策支持，为该区域持续开发提供支持，吸引不同企业入驻该区域。如：炮台山公园案例中将卖地的盈利补贴到该区域后续开发中；

---

[1]　王林：《基于城市更新行动的城市更新类型体系研究与策略思考——以上海市为例》，《上海城市规划》2023 年第 4 期。

金丝雀码头案例中减免当地营业税、降低入驻企业所得税和国家保险、对资产和地产的投资履行税收抵免或资本收益津贴；波士顿以优惠的税率来鼓励开发商提供开放的城市公共空间，符合条件的开发项目经重建局审查、市长同意后，最高可获得 15 年免税优惠。

弹性管理。通过整体规划来实现总体平衡、内部微调。如中央活力区中新天地将容积率在整体区域内进行转移，或者徐家汇商圈中 T20 大厦因增加公共空间调整建筑限高，创智天地"户外餐饮"概念通过审批，实现街道氛围营造。伦敦金丝雀码头案例中放宽规划限制，加快审批流程，提高建设速度，降低建设成本。

三、实施机制方面

市政配套由政府承担。政府应大力投资与城市基础设施建设推动区域更新和地区改造。企业很难单独承担大区域的城市更新，一方面需要时间回笼资金，另一方面有来自市场的压力。因此，政府对市政基础设施的投入非常重要，以有效支持区域更新的顺利推进和可持续发展。

多种开发模式。包括不同的开发模式，如整板块单一主体，发挥企业主体作用；整板块多元主体，发挥政府统筹作用；零星地块，由政府或者开发公司统一收储等。综合交通枢纽案例中东京涩谷站采用"TOD+PPP"开发模式，香港九龙站开发主体由港铁牵头、政府入股开发。

政府、市场、居民多元合作共赢。在多地块的区域运营中，建议联合区域内各个企业及单位，联合政府及公众，制定多元共治机制，共同协力管理该区域，更好地激发区域活力，增加区域价值。

结语
人民城市的上海城市更新实践与
策略建议

　　本书通过分析当前上海城市更新的发展现状，深入剖析城市更新内涵，梳理本市城市更新的类型与特征，形成六大重点更新领域，在此基础上，细化为二十九个中类、九十二个小类的城市更新类型，初步构建了内涵丰富的上海城市更新类型体系；针对每一更新类型，选取相关的上海优秀案例经验，进行分类研究，总结提炼每一类型的更新策略；从更新的方法、政策、机制等方面，提出不同更新类型的策略和建议。

一、构建系统科学的城市更新类型体系

　　剖析内涵，分类型更新。针对城市更新项目，要深入剖析不同类型的具体内涵，认清更新的本质，依据更新的主要问题，分类型开展更新，结合不同的更新类型，综合考虑基本的物质空间改善及社会经

济更深层次方面的综合需求，包括政府政策、城市产业转型升级和经济可持续增长、社会包容和公平正义、文化认同和传承创新、人居环境改善和人民福祉提升等多方面。

建立内涵丰富的上海城市更新类型体系。城市更新类型极其丰富，在分析上海城市更新发展现状的基础上，研究剖析新发展时代上海城市更新的内涵，界定上海城市更新的范畴，将城市更新类型界定为历史风貌保护更新、住区更新、公共空间更新、产业园区转型更新、商业商办更新和综合区域更新六大方面，对于六大类型进行深入分析，结合上海特点，分为二十九个中类，九十二个小类。具体如下：

第一大类历史风貌保护更新包括历史文化风貌区、风貌保护街坊、风貌保护道路（街巷）、风貌保护河道、保护建筑和保留历史建筑，共六种类型；第二大类住区更新包括里弄住宅、花园住宅、公寓住宅、工人新村（含职工住宅）、商品住宅、城中村，共六种类型；第三大类公共空间更新包括绿化空间、街道空间、滨水空间、广场空间、地下空间、公共服务设施附属公共空间和交通基础设施及附属公共空间，共七种类型；第四大类产业园区转型更新包括用地性质不变功能不变、用地性质不变功能转变及用地性质转变，共三种类型；第五大类商业商办更新包括商业商办楼宇类更新、商业街区类更新及商圈类更新，共三种类型；第六大类综合区域更新包括中央活动区、滨水区、综合交通枢纽区、工业区，共四种类型。通过以上六个大类，共二十九个中类的划分，结合具体类型特点，进一步细分每一类别的小类，建立内涵丰富的上海城市更新类型体系，针对每一类型的特征，选取相应优秀的更新案例，深入剖析，总结提炼具有针对性的更新策略与方法建议。

城市更新重点领域分为六个大类、二十九个中类、九十二个小类。

二、建立精准施策的可持续城市更新方法

以人为本，系统梳理。结合不同更新类型的特性、市民需求、时代需求，多方积极沟通，完善基础配套设施；系统梳理更新项目的历史沿革、现状情况、使用情况、周边环境等多方面因素，精细研判，确定发展定位，形成有针对性的更新方案，满足全年龄段使用者的要求。

整体规划，功能复合。在详细的历史调查、现状调研等研究基础上，建议编制整体规划，明确发展定位，整体梳理，系统更新，确定更新方案及规划实施的过程，建立完整规划体系。制定合理的分期建设规划和建造次序，保证更新项目实施的有序性、整体性和协调性。规划上考虑功能复合、高度兼容，将单一功能转换为复合功能，统筹考虑形态、业态、文态、生态的四态融合，提升形态品质、引导生态美化、优化业态内容、营造文态吸引力，提升更新区域的整体品质和独特魅力，重塑地区精神，激发场所的活力。

风貌保护，有机更新。建议对更新项目和区域的历史风貌及建筑进行评估，依据现状情况，不同的保护等级，采用不同的保护方式，由政府或者企业对其历史风貌或建筑进行保护及有机更新。如：历史风貌区中应系统梳理，整体保护，有机更新；中央活力区对建筑群采用保留、改建、内部现代化以及功能更新的方式，取得了风貌保护与

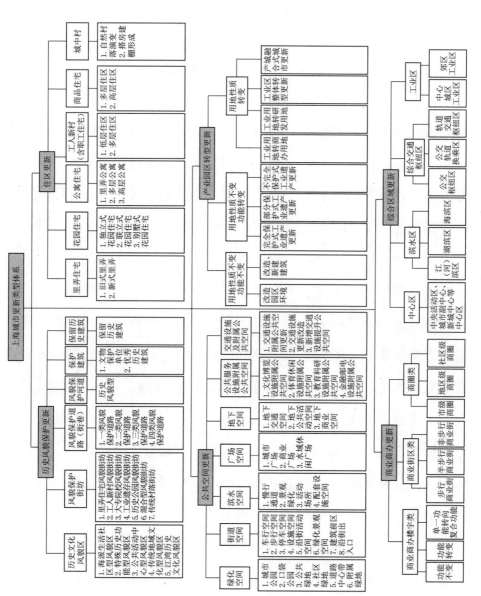

图 8-1　上海城市更新类型体系

有机更新的充分结合；滨水区将原有水系与历史建筑及历史风貌空间节点结合；工业区针对不同风貌保留情况提出有针对性的工业遗产保护更新利用策略。

明确重点，有序更新。在诸多的城市更新项目中，确定需要重点更新的区域和项目，分重点，分时序，推进更新项目有序进行。依据不同区域不同类型的更新需求及现状，应采用不同的更新方法，并给予相应的政策支持和机制保障。

三、制定创新突破的城市更新政策

创新突破，技术支撑。不同类型的更新项目实施过程中存在相关指标冲突的情况，应有创新意识，对于相关指标需要突破时，结合《上海城市更新条例》，给予适当支持。规划技术指标方面，针对更新区域内项目的用地性质、容积率、建筑高度等指标，在保障公共利益、符合更新目标的前提下，依据《条例》第四十条，可以按照规划予以优化。在规划技术方面，探索在约定底线条件下，通过多元参数求最优解的规划技术逻辑和方法，构建策划、规划、设计、建设、运营、维护、管理一体化的全流程设计。

基于公共利益的政策支持与奖励，建议明晰操作流程，细化奖励标准。在城市更新实施过程中，建议多策并举，给予规划政策、土地政策、财税政策、住房政策、容积率奖励等方面的优惠政策，并明晰操作流程，细化奖励标准。对于公共空间部分，基于文化保护，公共空间提升，居民需求，基础设施配套，旧住房改造等，给予明确的政策支持。在土地供应政策方面，鼓励在符合法律规定的前提下，创新土地供应政策，激发市场主体参与城市更新活动的积极性，依据《条例》第四十一条，没有条件，不能采取招标、拍卖、挂牌方式的，经市人民政府同意，可以采取协议出让方式供应土地。在容积率方面，建议明确容积率奖励政策，例如风貌区内，建议采用"风貌保护、风貌保持、风貌传承"方式建设的建筑面积，给予不计容积率的鼓励政策；对于不计容的建筑，既可公益性使用，也可用于符合城市功能和地区需求的非公益性功能的用途；鼓励容积率就地（或就近）转移，有利于规划土地政策的推动与实际操作，更重要的是可以促进城市文化、社会与经济的整体可持续发展与多元共赢。

制定相关标准。针对每一类型的城市更新项目，对于需要政策支持的内容，建议创新性地制定或修订建设、交通、绿化、消防、规划、土地等多方面的技术法规和相关标准，融入城市更新实施细则中。

四、推进共建共治共享的城市更新机制

多元合作，利益共享。城市更新涉及多元利益主体，包括政府、原产权人、企业的社会团体、专家学者等，应统筹协调、制定规则，构建利益协调机制，兼顾公平、包容性和效率，实现资源再分配过程中的利益平衡，合作治理下的共享裁量权配置，保障政府部门、市场机构，以及参与城市更新的广大人民群众等多方的共同利益。

细化法律法规体系，分类制定实施路径。建议建立健全保护更新

相关的法律法规，细化法律法规体系，实现规土、商贸、房管、财税等相关政策资源整合；构建以规划土地政策为主要实施载体，以财税奖励政策为积极引导机制，以法律法规建设为切实基础的城市更新政策体系，结合政策实施经验和公众反馈不断完善保护更新法规体系；依据不同城市更新类型，分类制定相应的实施路径，实施细则，行动方案，更新指引等，刚柔并济，保障上海城市更新工作在完备的政策及法律法规支撑下有序落实与推进。

建立协同机制，共建共治共享。城市更新项目中，涉及各个部门各管一块的工作格局，不利于城市更新项目的整体推进，建议在不同类型的城市更新项目中，采用不同的更新机制，应多部门、多主体共同协同实施，鼓励公众参与，引入社会资本进行多方共建共治共享。针对公共空间更新、住区更新，建议主要采用政府主导、企业参与运营、社会多方参与的形式；针对历史风貌保护更新、商业商办更新、产业园区更新方面，建议主要采用政府支持、企业主导、公众参与的机制。积极发挥市场作用，调动多方主体参与，鼓励多个企业联盟，或以一个企业为牵头引领，推进更新项目有序进行；针对综合区域更新，依据不同情况，综合研判采用不同的更新机制。当前上海城市更新，要从破局、开局的角度，紧扣民生需求和高质量发展，做好"机制谋划"，构建以"人民城市"理念为核心，分类施策，模式总结，政府推动、资源整合、统筹实施的可持续城市更新模式与创新机制。

在新的时代背景下，城市更新理念更加注重整体性、系统性和持续性；城市更新的方法更具精细化、针对性、操作性；城市更新机制更强调政府、市场和社会的共同参与。我们需要更加进行精心谋划，以人民为中心，用科学的精神、创新的思维、协同的努力，塑造街区风貌、提升文化消费、激活城市活力，打造共享空间。通过创新思维、高质量更新、高精细管理和高品质激活，实施可持续的城市更新，践行人民城市理念。

参考文献

论文类：

1. 吴建南：《践行"人民城市"重要理念，扎实推进气候适应型城市建设》，《探索与争鸣》2022年第12期。

2. 董玛力、陈田、王丽艳：《西方城市更新发展历程和政策演变》，《人文地理》2009年第5期。

3. 阳建强、陈月：《1949—2019年中国城市更新的发展与回顾》，《城市规划》2020年第2期。

4. 王林：《基于城市更新行动的城市更新类型体系研究与策略思考——以上海市为例》，《上海城市规划》2023年第4期。

5. 唐燕、范利：《西欧城市更新政策与制度的多元探索》，《国际城市规划》2022年第1期。

6. 阳建强：《英国内城政策的发展》，《新建筑》1996年第3期。

7. 刘健：《注重整体协调的城市更新改造：法国协议开发区制度在巴黎的实践》，《国际城市规划》2013年第6期。

8. 吴良镛：《从"有机更新"走向新的"有机秩序"——北京旧城居住区整治途径（二）》，《建筑学报》1991年第2期。

9. 朱自煊：《屯溪老街保护整治规划》，《建筑学报》1996年第9期。

10. 郑时龄：《上海的城市更新与历史建筑保护》，《中国科学院院刊》2017 年第 7 期。

11. 阳建强：《中国城市更新的现况、特征及趋向》，《城市规划》2000 年第 4 期。

12. 赵民、孙忆敏、杜宁等：《我国城市旧住区渐进式更新研究——理论、实践与策略》，《国际城市规划》2010 年第 1 期。

13. 伍江：《城市有机更新与精细化管理》，《时代建筑》2021 年第 4 期。

14. 张杰：《存量时代的城市更新与织补》，《建筑学报》2019 年第 7 期。

15. 王林：《有机生长的城市更新与风貌保护——上海实践与创新思维》，《世界建筑》2016 年第 4 期。

16. 王林、莫超宇：《城市更新和风貌保护的城市设计与城市治理实践》，《规划师》2017 年第 10 期。

17. 阳建强、杜雁：《城市更新要同时体现市场规律和公共政策属性》，《城市规划》2016 年第 1 期。

18. 张文忠、何炬、谌丽：《面向高质量发展的中国城市体检方法体系探讨》，《地理科学》2021 年第 1 期。

19. 诸大建、孙辉：《用人民城市理念引领上海社区更新微基建》，《党政论坛》2021 年第 2 期。

20. 黄卫东：《城市治理演进与城市更新响应——深圳的先行试验》，《城市规划》2021 年第 6 期。

21. 唐燕：《我国城市更新制度建设的关键维度与策略解析》，《国际城市规划》2022 年第 1 期。

22. 黄瓴、唐坚、方小桃等:《治理转型下重庆市城市更新实施路径研究》,《规划师》2023 年第 4 期。

23. 赵民、赵燕菁、刘志等:《"城市公共财政可持续的城市更新"学术笔谈》,《城市规划学刊》2024 年第 3 期。

24. 常青:《思考与探索——旧城改造中的历史空间存续方式》,《建筑师》2014 年第 4 期。

25. 边兰春:《统一与多元——北京城市更新中的公共空间演进》,《世界建筑》2016 年第 4 期。

26. 莫超宇、王林、薛鸣华:《上海宝钢不锈钢厂保护更新与城市设计实践》,《时代建筑》,2018 年第 6 期。

27. 周俭、周海波、张子婴:《上海曹杨新村"15 分钟社区生活圈"规划实践》,《时代建筑》,2022 年第 2 期。

28. 张杰、李旻华、解扬:《工业遗产保护利用引领城市更新的技术创新——景德镇现代瓷业遗产保护与更新系列实践》,《建筑学报》,2023 年第 4 期。

29. 吴志强:《城市更新十二诀》,《城市规划学刊》,2024 年第 3 期。

30. 陈飞、阮仪三:《上海历史文化风貌区的分类比较与保护规划的应对》,《城市规划学刊》2008 年第 2 期。

31. 王林、薛鸣华:《基于精细化治理的街道城市设计以上海徐汇衡山路—复兴路历史文化风貌区为例》,《时代建筑》2021 年第 1 期。

32. 何丹、朱小平:《石库门里弄和工人新村的日常生活空间比较研究》,《世界地理研究》2012 年第 2 期。

33. 王林、俞斯佳、侯斌超等：《上海历史风貌区保护更新的瓶颈与对策》，《科学发展》2016 年第 3 期。

34. 王林、鲍柏江：《上海历史风貌区保留历史建筑保护与管理路径探索》，《建筑遗产》2024 年第 1 期。

35. 季波儿、周文：《"城中村"：城市化中的阶段特征与破解理性——以上海浦东新区高桥镇西浜头为例》，《上海城市管理》2013 年第 4 期。

36. 宋紫阳、王林：《重庆现代工业遗产的保护与再利用研究》，《上海城市规划》2022 年第 5 期。

37. 俞峰、王林、薛鸣华：《上海现代工业遗产彭浦机器厂保护与更新研究》，《时代建筑》2021 年第 6 期。

38. 郑露荞、伍江：《社会网络视角下的参与式社区更新实践——以上海大学路发生便利店为例》，《城市发展研究》2022 年第 7 期。

39. 丁凡、伍江：《全球化背景下后工业城市水岸复兴机制研究——以上海黄浦江西岸为例》，《现代城市研究》2018 年第 1 期。

40. 薛鸣华、王林：《上海中心城工业风貌街坊的保护更新以 M50 工业转型与艺术创意发展为例》，《时代建筑》2019 年第 3 期。

41. 王林、薛鸣华、莫超宇：《工业遗产保护的发展趋势与体系构建》，《上海城市规划》2017 年第 6 期。

42. 王建国、吕志鹏：《世界城市滨水区开发建设的历史进程及其经验》，《城市规划》2001 年第 7 期。

43. 金广君：《日本城市滨水区规划设计概述》，《城市规划》1994 年第 4 期。

44. 王林、莫超宇：《工业区更新转型的城市设计理念与方法》，《规划师》2023 年第 6 期。

45. 任绍斌：《城市更新中的利益冲突与规划协调》，《现代城市研究》2011 年第 1 期。

46. 王兰、吴志强、邱松：《城市更新背景下的创意社区规划：基于创意阶层和居民空间需求研究》，《城市规划学刊》2016 年第 4 期。

47. 匡晓明：《上海城市更新面临的难点与对策》，《科学发展》2017 年第 3 期。

48. 刘剑：《住区适老化改造的困境与规划管理对策》，《规划师》2015 年第 11 期。

49. 邹兵、王旭：《社会学视角的旧区更新改造模式评价》，《时代建筑》2020 年第 1 期。

50. 鲍柏江、王林、薛鸣华：《上海历史风貌区巷弄精细化治理路径探索——以徐汇区衡复历史文化风貌区为例》，《上海城市规划》2023 年第 5 期。

51. 周博颖、葛文静：《基于城市基本生活单元的住区改造实施机制研究》，《城市发展研究》2020 年第 10 期。

52. 史文彬、孙彤宇、李勇：《上海中心城区老旧住区可持续更新策略研究》，《住宅科技》2020 年第 12 期。

53. 高岩、Te-Ming Chang：《城市规划管理经验——美国波士顿房地产项目开发过程给予的某些启示》，《北京规划建设》2005 年第 2 期。

54. 洪小春、季翔、肖鸿飞等：《不同空间尺度下城市下沉广场与周边环境的整合机制——以上海创智天地下沉广场为例》，《现代城市研究》2021 年第 6 期。

55. 王桢栋、邬梦昊、戴晓玲等：《城市综合体与城市步行及地铁系统的整合模式研究》，《城市规划学刊》2019 年第 6 期。

56. 钱晨：《大学路十年演变对街道复兴的启示》，《时代建筑》2017 年第 6 期。

57. 刘若昕、王林、任宁等：《生活型滨水公共空间品质评价研究——以上海苏州河为例》，《上海城市规划》2023 年第 3 期。

58. 王晶、丁震：《东京涩谷站 TOD 开发模式及其借鉴意义》，《综合运输》2021 年第 1 期。

59. 丁立平、邵峰：《紧凑城市视角下城市地下商业空间布局浅析——以日本东京涩谷站为例》，《建筑与文化》2021 年第 10 期。

60. 刘龙、郭羽、丁一等：《超高密度核心功能区海绵城市规划实践——以上海市龙阳路交通枢纽为例》，《城乡规划》2019 年第 2 期。

61. 孟欣：《从规划到实施——龙阳路综合交通枢纽设计总控实践》，《建筑实践》2021 年第 8 期。

62. 何智龙：《地铁上盖开发中的交通衔接设计研究——以上海龙阳路站为例》，《交通与港航》2022 年第 3 期。

63. 王林、王心怡、薛鸣华：《上海宝钢型钢厂房的保护更新研究》，《时代建筑》2023 年第 3 期。

64. 杨春侠、韩琦、耿慧志：《纽约巴特利公园城城市活力解析及对上海黄浦江沿岸地区提升的建议》，《城市设计》2020 年第 1 期。

65. 黄大田：《以详细城市设计导则规范引导成片开发街区的规划设计及建设实践——纽约巴特利公园城的城市设计探索》，《规划师》2011 年第 4 期。

　　66. 薛求理、翟海林、陈贝盈：《地铁站上的漂浮城岛——香港九龙站发展案例研究》，《建筑学报》2010 年第 7 期。

　　67. 曾如思、沈中伟：《多维视角下的现代轨道交通综合体——以香港西九龙站为例》，《新建筑》，2020 年第 1 期。

　　68. 陈国欣、赵洁：《站城融合中的公共空间营造——以香港西九龙高铁站片区为例》，《世界建筑》2021 年第 11 期。

　　69. 徐颖、肖锐琴、张为师：《中心城区铁路站场综合开发的探索与实践——以香港西九龙站和重庆沙坪坝站为例》，《现代城市研究》2021 年第 9 期。

　　70. 杨丹：《城市滨水区的文化规划：以"西岸文化走廊"的实践为例》，《上海城市规划》2015 年第 6 期。

　　71. 张松：《上海黄浦江两岸再开发地区的工业遗产保护与再生》，《城市规划学刊》2015 年第 2 期。

外文类：

　　1. Roberts P, Sykes H. Urban Regeneration: A Handbook. London: SAGE, 2000.

　　2. Couch C, "Urban renewal: theory and practice". Macmillan International Higher Education, 1990.

　　3. Deakin, Mark, Fiona Campbell, Alasdair Reid, and Joel Orsinger. "The Mass Retrofitting of an Energy Efficient—Low Carbon Zone." Springer London, 2014.

4.   Gordon, David LA, "The resurrection of canary wharf", Planning Theory & Practice, 2001.

5. Stevens, Sara, "Visually Stunning while Financially Safe. Neoliberalism and Financialization at Canary Wharf" Ardeth. A magazine on the power of the project, 2020.

6. Meier, Johanna Katharina Vita, "Deconstructing the High-rise: A critical examination of the socio-spatial implications of vertical urbanism in Canary Wharf, London." Cities Studio Annual Review, 2024.

7. Mo, C.; Wang, L.*; Rao, F. "Typology, Preservation, and Regeneration of the Post-1949 Industrial Heritage in China: A Case Study of Shanghai." Land, 2022.

8. Yin Zhi, Zhou Jian, Huang Ling, Wang Lin, Liao Zhengxin, Tang Yan, Cao Yujun, Liu Jinxin. "Community Building and Community Regeneration." China City Planning Review, 2021.

后　记

  城市更新是当今中国一个最具时代性的话题，更是全球城市发展，乃至人类社会可持续发展的永恒主题。我非常庆幸自己能够以此作为学术研究的一个重要领域，在上海交通大学成立了上海城市更新保护创新国际研究中心，重点聚焦城市更新、城市保护、城市治理等领域，承担了包括上海市人大和市科委、市教委、市住建委、市哲社办、市规划局、市政府发展研究中心等上海市政府、各部门及各区县政府的多项研究课题，并在决策咨询、成果采纳、论文发表、项目获奖等方面取得多项成果，其中包括获得上海市决策咨询一等奖的"城市更新若干重大问题研究"，以及"城市更新立法调研""新发展时代城市更新的内涵和策略研究""上海历史风貌区保护更新精细化治理范式研究"等。正是在上述研究的基础上，形成了《城市更新：人民城市理念引领下的实践创新》，并有幸入选"上海智库报告文库"乃至出版本书。回想学术研究历程，分享三点思考：

  一是更新：城市更新是城市发展永恒的主题，必将成为中国城市的主题、主流、主导。我从同济大学本硕博毕业后就进入上海市城市规划管理局工作。我非常有幸地参与了上海两轮城市总体规划（1999—2020 年、2017—2035 年）的研究与编制工作。亲历了上海城市从增量扩张的快速发展到规划土地零增长目标确定的存量时代转型过程；参与策划与策展的 2015 年首届上海城市空间艺术季就是以

"城市更新"为主题。加入 2015 年底恢复成立的中国城市规划学会城市更新学术委员会并成为副主任委员，与全国各地专家共同探讨城市更新的理论与实践。上海作为一座现代化、国际化的超大城市，城市更新既有呵护文化的历史使命，又有应对发展的现实需要，更有面向未来的创新意义。怎样才能做好上海的城市更新？为了回答好这个问题，我和我的团队——上海交通大学城市更新保护创新国际研究中心，一直放眼国际、根植上海、探索实践，聚焦历史风貌区、老旧居住区、产业转型区以及城市公共空间等，针对不同类型区域最难解决的矛盾和问题，积极提出更新对策、措施和建议。非常荣幸的是，我们有关上海城市更新条例的建议被《上海市城市更新条例》8 项条款所吸纳，我们关于《城市更新若干重大问题研究》获得第十三届上海市决策咨询一等奖。今年成为首届上海城市更新专家委员会委员。

二是保护：中国城市老城区从"旧城改造"到"城市更新"的改变、上海旧区从"拆、改、留"到"留、改、拆"的转变，其中无不体现着对人文尊重、遗产保护、风貌延续、记忆保存的高度重视。我从 1994 年开始学习研究世界历史街区的保护与更新、中国历史文化名城保护理论与规划，到 1998 年进入上海市规划局开始从事城市遗产的保护工作，几乎是全过程参与了上海城市文化遗产保护从建筑到名城、从历史文化风貌区到历史风貌保护道路，从工业遗产到风貌保护街坊，具有上海特色的城市遗产保护体系的建立；尤其是参与并成功探索了在快速发展和不断更新的城市中，如何更好地保护、更好地更新，真正做到"开发是发展、保护也是发展，在保护中发展、在发展中保护"。其中多年管理实践中面对艰难的博弈、探索的挑战可谓无处不在，但博弈之后的坚守与平衡，在多年之后所获得的专业认可和社会共识，让我充满内心的幸福与深厚的力量，感恩命运的惠顾与贵人的相助。城市遗产保护于我不仅仅是工作，更是一生挚爱的事业。如何在城市更新中更好地保护传承，让历史活在当下、更留在未来，始终是我孜孜以求的学术追寻与实践探索。

三是创新：以人为本的城市有机更新需要创新思维与创新政策。上海在我看来是中国城市建设法规最为健全规范的城市，但其中绝大多数法规都是为城市新建区域而制定的。如何在城市中建造城市，尤其适应城市功能不断迭代升级、更新需求可谓瞬息万变的新时代，如果没有创新的思维、没有创新的政策、适应创新的需求，是难以满足人们不断增长的对美好生活的客观需求的。我所亲历的上海成功经典、网红打卡的城市更新项目包括外滩源、思南公馆、田子坊、M50、上生新所、武康大楼城市节点，无论在更新方法、更新政策、更新机制上都有着各自的创新探索。2021年《上海城市更新条例》的出台为城市更新中的创新提供了立法的基础与支撑，需要我们进一步深化细化，在多元主体的共建共治共享中，不断探索人民城市理念下的可持续更新。

感谢上海交通大学姜斯宪书记、黄震院士、顾锋书记、阮昕院长、吴建南院长以及上海交通大学设计学院、中国城市治理研究院的领导和同行们给予我的学术支持与思想交流。

感谢郑时龄院士、阮仪三教授、伍江教授、王建国院士、常青院士、吴志强院士、张兵总规划师、石楠副理事长、赵民教授、诸大建教授、张杰教授、阳建强教授等许多一直支持和指导我的学术前辈、专家、领导、学长们，在此一并感谢！

在城市更新有关研究调查过程中，得到了上海市、各区政府及各委办局、街道等相关部门及企事业单位给予的支持与帮助，特别感谢上海市人大、市政协，市住建委、市规划局、市文旅局、市政府发展研究中心；感谢徐汇、杨浦、宝山、静安、浦东、普陀、黄浦、虹口、长宁等区委区政府、区有关部门及街道；感谢上海市城市更新中心、地产集团、临港集团、外滩投资公司、洛克外滩源公司、瑞安集团、嘉里集团上海分公司、杨浦科创集团、上海中环投资开发公司、上海安墨吉建筑与规划设计公司等单位领导和同行们在调研过程中提供了大力支持与宝贵资料。

感谢上海市哲学社会科学规划办公室和上海人民出版社的支持，此书入选"上海智库报告文库"并得以出版。感谢共同参与研究与撰写的多位博士与硕士研究生：王康英、王筱洲、陈彦涵、朱有玉、周道、于海若、杨清枫、曾艳阳、李天琪、黄羽泽、张芯蕾、莫超宇；尤其是中心科研助理王康英博士协助在"上海智库报告文库"出版申请、全过程研究参与、书稿统筹中做了大量工作，与陈彦涵、李天琪、黄羽泽共同完成文字修订、图纸校核等繁琐而细致的工作。

特别感谢我的先生薛鸣华。他给予我最坚实的支撑，鼓励支持我的学术研究。与他一起植根城市更新实践，我可以将理论研究与设计实践紧密结合。尤其是上海交通大学城市更新保护创新国际研究中心和上海安墨吉建筑与规划设计公司共同完成的许多优秀更新实践案例支持我们的研究可以深入展开。

最后，请允许我谨以此书献给我最敬爱的父亲王秉刚。

鉴于篇幅与时间所限，本书从研究所涉及的近 100 个案例中，仅选取了上海城市更新重点领域中的部分经典案例予以呈现。城市更新涉及领域极其宽广，本书研究仅是沧海一粟，书稿内容与研究观点期待与大家交流并得到斧正。在未来的研究中，我们将继续深入研究国内外城市更新理论与实践，尤其是上海不同类型城市更新的方法路径、创新政策、实施机制，为实现可持续城市更新和高质量城市发展作出贡献，不断思考和探索中国特色的城市更新理论与实践。

王　林

2025 年 3 月

图书在版编目(CIP)数据

城市更新 : 人民城市理念引领下的实践创新 / 王林

著. -- 上海 : 上海人民出版社, 2025. -- ISBN 978-7
-208-19301-7

Ⅰ. TU984.251

中国国家版本馆 CIP 数据核字第 2024NE3840 号

责任编辑　吕桂萍

封面设计　汪　昊

城市更新:人民城市理念引领下的实践创新
王　林 著

出　　版	上海人民出版社
	(201101　上海市闵行区号景路 159 弄 C 座)
发　　行	上海人民出版社发行中心
印　　刷	上海中华印刷有限公司
开　　本	787×1092　1/16
印　　张	18
插　　页	2
字　　数	200,000
版　　次	2025 年 6 月第 1 版
印　　次	2025 年 6 月第 1 次印刷

ISBN 978 - 7 - 208 - 19301 - 7/D · 4442

定　　价	80.00 元